U0167353

石材

万用设计事典

漂亮家居编辑部 著

设计师塑造质感住宅的
350个致胜关键

北方联合出版传媒（集团）股份有限公司
辽宁科学技术出版社

目录

第一章 风格空间赏析

第二章 石材形式面面观

第三章 空间设计常用石材及运用

附录

第一章
风格空间赏析

缎光石面
映照细致空间表情

文：郑雅分　空间设计和图片提供：鼎睿设计

玄关壁面陶板搭配石材的纹路光泽，铺陈空间的艺术气息。

每一位屋主的性格特质都是设计师戴鼎睿规划空间的重要线索，这个被命名为Charlotte’s Home（夏洛特之家）的项目更是如此。从事医疗工作的屋主喜爱石材，女主人细致优雅的艺术气质成为这个空间的精神。为了更契合屋主的特质，从规划上将艺术融入生活，以自由度更高的开放式设计为主轴。为此，大量运用屋主喜爱的石材做大面积的铺陈延伸，使整体视觉十分大气完整，借用光线做空间划分，让室内每个角落都是端景，展现空间的艺术性与优雅美感。为了让玄关与室内有所界定，在地板上采用咖啡绒复古面石材，与室内的安哥拉珍珠大理石做出区分，而玄关壁面则铺以100cm×300cm的陶板，搭配壁灯、木长椅展现如画的宁静氛围。至于玄关端景，则采用雕刻白大理石设计出利落的台面，成为入口的聚焦亮点，同时可与左侧书房石桌面形成对话与呼应。

室内公共区以安哥拉珍珠大理石铺陈地板，缎光石面的驼灰色调搭配温润的原木让整体氛围更暖心。而不规则凿面的天然石电视墙打破宁静，为整体空间带来更多活力。

2

1

3

1 借石材转换定义空间。玄关以咖啡绒复古面石材地板与室内做分区。格栅天花板上错落的灯光让空间更具律动感。台面选用雕刻白大理石，呈现出宁静美。2 凹凸有致的洗墙效果。在融合驼色与咖啡色调的空间中，凿面经过处理的白色天然石电视墙更凸显出视觉上的反差效果，此外直接照明的灯光则明显点出石材凿面的立体感。3 收束线条展现石材纯粹美。开放书房从天花板上拉出光墙做区隔，无瑕的石材平面映出光的线条，诠释纯粹美感。

项目信息

面积：270㎡／**重点使用石材：**咖啡绒复古面石材、安哥拉珍珠大理石、雕刻白大理石、凿面天然石板／**其他重点使用材料：**陶板、钢刷木皮、卡拉拉白石砖、木地板

4 石纹变化衬托现代感。石材是现代空间的“最佳质感代言人”，安哥拉珍珠大理石地板以其天然的温润色泽与放置厨具的实木边台做出完美串联，使画面完全契合。5 不同材质纹理互搭。设计师意图运用建材本身的质感与纹路诉说空间的故事。通过地面石材平缓流动的纹路、咖啡色泽的钢刷木皮及木驼色的餐桌椅等，营造出和谐、温暖的空间感。6 木石对话的低调人文感。由客厅延伸至餐厅的安哥拉珍珠大理石地板，传达出屋主兼容并蓄的内敛性格，低调而优雅，与之对话的钢刷木皮柜体和L形木框架沙发则展现出人文感。

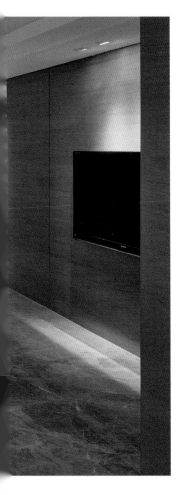

5

6

7 木材质感和色彩平衡空间温度。主卧改以木地板增加空间温度，选用酒红色床头板与窗帘酝酿出微醺氛围。8 珍珠石框塑窗景。主卧床尾处原仅有大面积窗景，但在设计师的巧思下，先保留开窗处，再利用建筑外墙规划3个柜体，以增加收纳，最后以安哥拉珍珠石材铺贴柜体与窗台，让屋主多一处观景与装饰台面。

9 线条与材质创作精品卫浴。在浴室的地面与壁面上运用带有花纹的卡拉拉白石砖做铺面，营造出天地合一的自然沐浴环境。线条柔美的独立浴缸宛如艺术品般安坐在空间中，让主人体验时尚与自然的生活。10 以砖代石仍显石材魅力。主卧浴室原设计用其他石材铺面，但在与业主挑选建材的过程中发现卡拉拉白石砖拥有律动纹路，且纹路不同，相当自然，重点是用于浴室更便于清理，因此改以卡拉拉白石砖代替原石材。

简化分割
保留石材原始美感

文：许嘉芬　空间设计和图片提供水相设计

用简单线条分割莱姆石墙，与意大利进口瓷砖地面展现L 形横向张力。

绿意围绕的独栋住宅，以现代主义的建筑精神“自由平面”与“流动空间”为主轴，通过简单的立面与精致材质，建构出与环境相融且能呈现光影层次的纯粹美感。从一楼庭院起始，矗立在水池后的雪白蒙卡花岗石，拥有一般花岗石少见的石材纹理，相较于大理石更好保养，也更适合使用在户外空间，它可以简化多余的分割，展现完整大气的样貌。

转至室内空间，回字开口的挑空设计带来空间与光影的流动性，并以卡拉拉白大理石墙连接一、二楼。设计师特意挑选斜纹纹理，加上五等份分割处理的石材，在石材间留2cm×2cm沟缝做黑色喷漆，让每一片石材更为立体，宛如4幅长形画作般。一侧的电视主墙，为了与地面有所区别，选用纹理更为干净纯粹的莱姆石，切割成块铺贴，转折延伸至后方水疗区域内，因而凸显立面的横向张力。除此之外，原始建筑二楼存留5个柱体，将邻近白墙的两个柱体用不锈钢与卡拉拉白大理石包覆处理，将看似突兀的量体，转化为装置艺术品。

1 贯穿空间的主题石墙。贯穿一、二楼的墙面以卡拉拉白大理石铺陈，独特的斜纹纹理加上分割沟缝，好似泼墨画作。

项目信息

面积：室内515㎡，户外353㎡／**重点使用石材：**花岗石、砂岩、卡拉拉白大理石、马鞍石、莱姆石／**其他重点使用材料：**镜面不锈钢、砖、玻璃

2 巧用石材背面的自然感。厨房立面特意用卡拉拉白大理石背面做正向贴覆，雾面质感与邻近的绿植墙更为协调。3 化结构柱为装饰。原始建筑存在的柱体采用不锈钢、卡拉拉白大理石贴覆，与后方白墙产生视觉反差，亦如刻意设计的装饰量体。4 采用低调细致手法运用石材。厨房一侧看似水泥粉光的墙面，其实是带灰的凡尔赛米黄石材，呈现精致的原始感质地。

3

4

5 石墙倒映卧房窗景。庭院立面是为了遮挡后方主卧室，保护隐私，出于对气候的考虑，设计师采用了雪白蒙卡花岗石，纹理同样有如大理石材的效果。6 石台面连贯，各具功能。一楼水疗区采用马鞍石铺贴台面，成为蒸汽室座椅平台，灰色调营造出自然放松的氛围。7 天然砂岩叙事。由于地下一层车库有黑色地面的关系，挑选浅色调壁面，选用统一规格的天然砂岩铺陈，其纹理相较瓷砖更有变化。

以雕刻白铺陈
魔幻古典现代家居

文：蔡铭江 空间设计和图片提供：云邑空间设计

雕刻白大理石延展公共区地坪，天然石纹拼接出无缝之美。

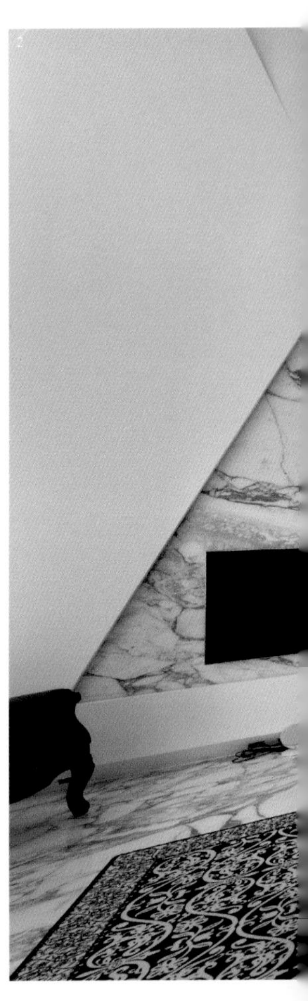

1 线条切割空间张力。为了让白色的天花板与壁面能够更为出色，电视墙运用雕刻白大理石，再配上独特的切割工法，让电视墙散发有如撕裂开的视觉张力。2 加入戏剧性的古典柱。设计师将空间内的柱子灌入石膏，让每根柱子呈现圆润的古典弧度曲线，一来软化了单色的黑白空间，二来为空间增添俏皮趣味感。

项目信息

面积：495㎡／**重点使用石材：**大理石、花岗石／**其他重点使用材料：**铁件、玻璃、马赛克砖

位于半山腰的童话小区，有着极好的空气与云雾缥缈的浪漫氛围，屋主喜欢前卫现代风格，因此希望这个家能在前卫当中带一点时尚感。495㎡的别墅，一楼挑高达6m，最后决定配合整体小区的童话感，打造出黑色童话的家居氛围。为了创造极具现代性的多层次丰富空间，整体以白色为主，点缀对比强烈的黑色。

走进客厅，为了呈现豪华大气感，设计师用整块自然花纹的雕刻白大理石铺满整个地面，所有的家具皆以黑白搭配，展现出餐厅和客厅的空间层次。客厅有6m的高度，为了给予客厅更为大气的氛围，电视墙搭配特殊工法，把雕刻白从地面延伸至墙面，提高地面与壁面的整体性，墙角的撕裂状增加了电视墙的视觉感。宴客用餐区，最强烈的视觉焦点就是全黑的餐椅与吊灯，与纹路活泼生动的雕刻白大理石地面交相辉映。此外，设计师将石膏灌入空间内的柱子，让整个柱子呈现圆弧状。在通向二楼的空间中，设计师巧妙地运用黑白混合的马赛克砖，让行走其间的人有时空转换之感。

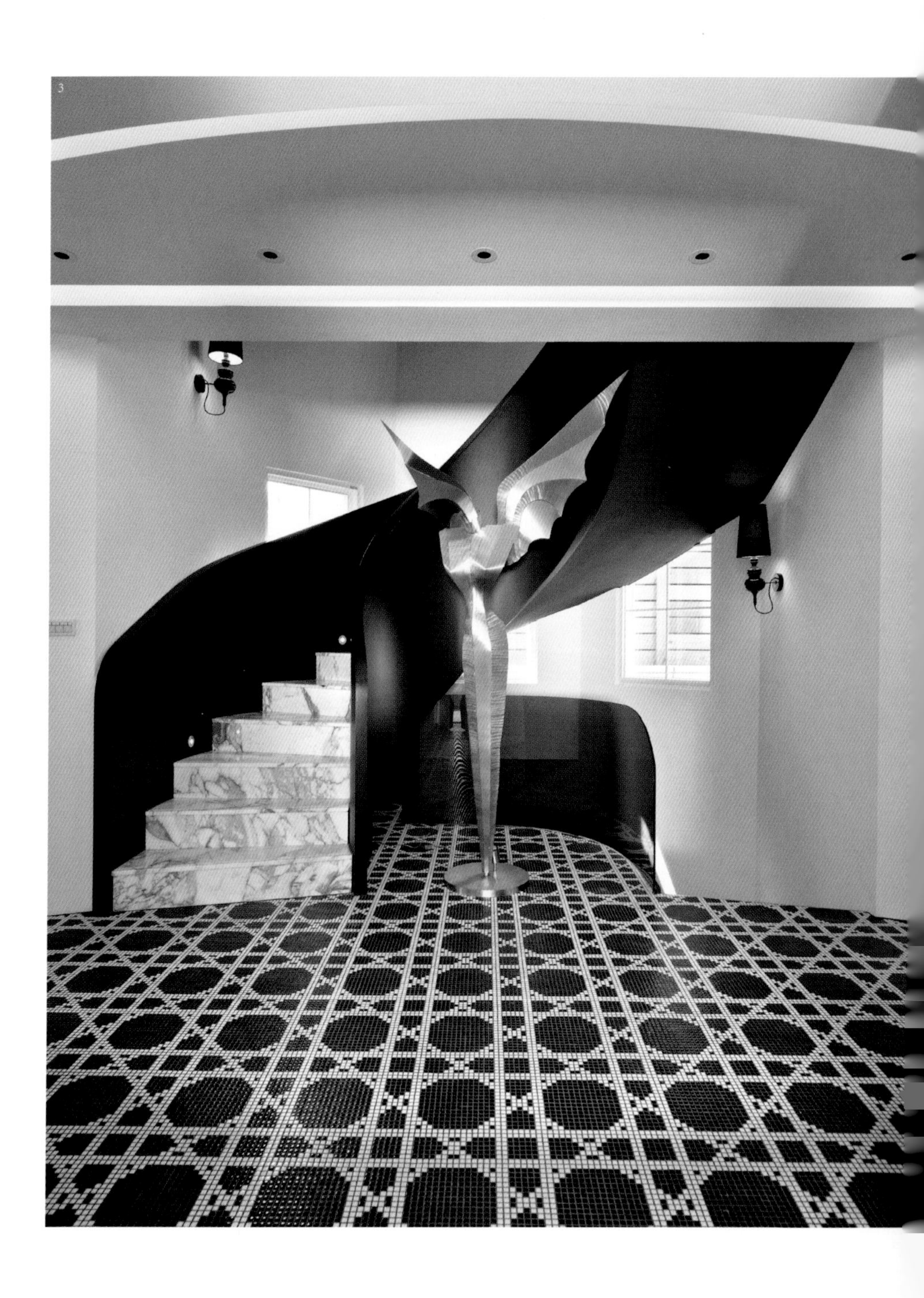

色扶手引导动线。在通往二楼的廊道上，以黑色马砖为主角，配合螺旋状楼梯的黑色扶手，变换了以主题的空间，赋予通往奇幻城堡的想象空间。4 在中画出红色弧线。走到底是较为简易的用餐区，屋主平时与家人一起用餐的地方，搭配简约的红条餐椅，变为整体空间中的重要角色。5 造型立灯神秘感。楼梯处的天使立灯，高度超过一个人的身低调的颜色完全与楼梯的雕刻白相衬，也增添此神秘与故事性。

5

6 光影洒落挑高空间。拥有6m高的跃层客厅区域，从墙面、天花板及二楼廊道外的墙面，精心地使用不规则矩形切割，立体的线条搭配隐藏式光影，增加许多空间表情。

7 灯饰散发诙谐趣味。软装搭配也呼应空间主题，廊道中的灯饰，也以俏皮的黑色造型设计，可爱的弯曲状呈现廊道的童话趣味。8 让人仿佛置身水墨画中。以雕刻白打造而成的螺旋状楼梯，从高点到低点，打上灯后，完全展现出雕刻白的细致花纹，好似一幅高雅的水墨画一般。9 层叠向上的延伸感。为了搭配整体空间的白，以及雕刻白的大气，设计师在挑高6m的天花板上做了线条切割，做层次堆叠，通过灯光展现出立体光影。10 私人区散发英伦绅士风格。在经过螺旋状楼梯后上到两楼，来到完全不同于公共空间的英式风格空间，在设计方面强调屋主儿子的喜好，以深色系打造出优雅的伦敦绅士氛围。

10

7

8

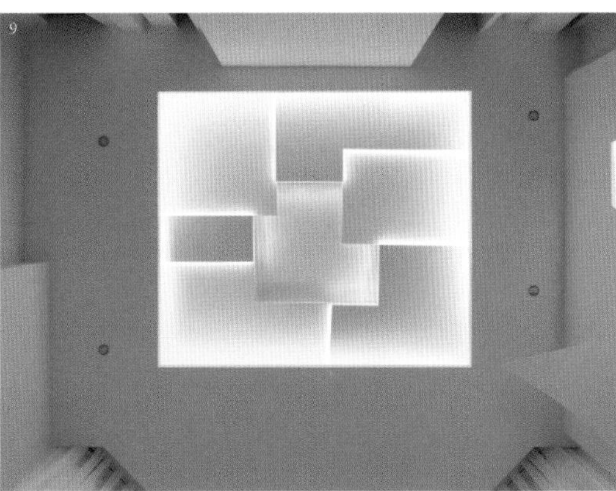
9

林荫山间的原石岩屋

文：郑雅分 空间设计和图片提供：沈志忠联合设计、建构线设计

带状黑色板岩铺成的地板，画出从外入内的动线。

1

项目信息

面积：231㎡／**重点使用石材：**天然板岩石材、银狐石／**其他重点使用材料：**特制锈铁、铁件喷漆、木纹板模灌浆、户外铁木木地板、新沃克灰砖、印度秋仿板岩石砖、梧桐木皮、橡木实木拼接纹、柚木实木皮、柚木实地板、清玻璃、明镜

一个空间通过功能规划只能让生活更舒适，而借助质感设计可让空间有活着的感觉。设计总监沈志忠有感而发："现代生活过于忙碌，因此，人的美感容易钝化，所以，我们尝试从建材中找出材料的本质与最初的感动，希望通过空间传达的质感来唤醒自己活着的感觉。"这栋位于郊外山上的度假别墅，不仅周围有茂盛的保育林，并且需要穿过观音山的石阶小径才能进入室内。如此难得的自然环境，让设计师更认真地思考要以怎样的室内设计来与之对应呢？答案正是更开放、无界线的格局，以及更粗犷的空间肌理，通过更具有生命力与自然色彩的设计来实现屋主的理想生活。无界线格局的设计主题说明何以室内会出现大量石材、仿岩砖，以及原木、锈铁等原始材质，同时在石材与其他建材的选配上则明显强调触感与纹理质地，希望可以铺陈出更为自然的空间饰面。在不同材质的墙面、地板面与柜体面上则以水平与垂直的画面整合切割，安排出各区域之间的界线与联系的互动设计。

1 石与混凝土的对话。采用特殊木纹板模灌浆工法设计电视墙，不修边幅地将木板模上的纹路原味呈现，搭配直接嵌入的壁炉与书柜，营造出厚重硬实的美感，并与其对面的板岩石墙形成直接对话与呼应。2 板岩带拼贴动线。了解到业主对于阳明山的林荫野趣情有独钟，因此特别将别墅外的观音山石阶小径的质感延续至室内，以玄关地板的天然板岩石材做内外衔接，并串联延伸至室内各区域。

3 岁月累积的自然板岩墙。借助每块天然板岩皆不同的自然劈面纹路拼出，搭配艺术漂流木桌与类板岩的新沃克灰砖地板，让这山林中的岁月更具有原味美感。4 石材衬托锈铁和漂流木。矗立于空间主轴位置的电视柜的锈铁面，由设计师亲自手工浇制，同样深具艺术感的漂流木茶几也是由设计师雕琢，意图以材质原始本质来触动居住者的美感知觉。

5 刻意为之的粗犷感。为了唤醒生活中已逐渐被钝化的美学感知，设计师除了以天然板岩铺贴墙面与地板外，在其他搭配材质上还选择以不同的粗糙面来呈现画面与笔触。6+7 板岩与梧桐木皮分庭抗礼。在通透感十足的空间中，板岩与梧桐木皮几乎对比般地等量存在，这使画面中形成稳定的平衡，而在餐厅中设计师特别安排大尺寸的原木餐桌来搭配银狐石中岛台面，让空间展现出精致优雅的一面。

7

8+9 用梧桐木门区隔公私区。餐厅与私密
间以梧桐木旋转推门为隔断，在视觉上木
为弱化石材创造出冷硬感，在不脱离自然
感的范畴中，营造出温暖的空间画面。

10 灰白用色呈现优雅情调。客用浴室内沿用灰色调的仿石材瓷砖做全面铺陈，呈现出简约而理性的洁净感，另外搭配温润木作浴柜与银狐石的雪白台面，为整体氛围增添几许优雅与生活美感。11 干湿风貌不同的卫浴。主卧浴室内采用具旷野质感的印度秋仿板岩石砖，除了原始的纹路与肌理传达出大地的厚实感外，此款石砖遇水变色的特质也为生活带来些逸趣。

线面表现
让材质和谐对话

文：杨宜倩　空间设计和图片提供：奇逸空间设计

运用贯穿室内外的洞石墙和窗景，营造现代自然派住宅。

面对这栋坐落于市郊的40年独栋别墅，设计师发现楼梯所在的位置，让室内变得昏暗，光和动线都受到原有格局限制，于是在规划时，重新安排楼梯的位置。在复层空间里，楼梯是巨大的量体，设计师不将楼梯藏起来，反而让它成为空间的视觉重点，成为串联客厅、餐厅、厨房的中介。楼梯结合由室外贯穿室内的洞石墙，使用钢结构做出轻盈感，台阶则采用雕刻白大理石，扶手上方铺设人造石，方便清洁维护，在扶手内缘设计不锈钢毛丝面和情境灯光，搭配楼板的光带设计，夜晚时分灯光亮起，勾勒出现代住宅的自信姿态。

由于独栋别墅外面还有一个庭院，设计师通过开放式平面设计与大面积落地窗，延展出室内外无界线的公共空间，客厅沙发背墙看似无意地开了一扇窗，其实是对着院子里的一株枫树，借庭院景致丰富室内空间，让居住在其中的人能享受到更多的阳光与绿意。同时，借着不同材质的铺陈搭配，如花岗石、洞石、黑檀木、柚木等，不但丰富空间表情，而且也让人在线条切割的利落现代风格中，感受到一股温润气息。另外，大量线条元素的运用，体现出空间功能，也成功加深了空间层次。

1 线性切割表现材质之美。沙发造型搭配背墙开窗位置，地坪上若有似无的木纹感石材，与不锈钢嵌入分割的墙面一起，营造出节制精简却又和谐大气的空间氛围。2 挑空玻璃屋营造戏剧效果。增建的餐厅墙面选用洞石，不规则孔洞墙面略带粗犷感，呼应铺陈整个公共空间的百木纹石材，让空间更具层次感。

项目信息

面积：室内214.5㎡，户外330㎡／**重点使用石材：**印度黑花岗石、百木纹沉积岩、雕刻白大理石、洞石、抿石子、人造石／**其他重点使用材料：**黑檀木、柚木实木拼搭木皮、玻璃、铁件、不锈钢毛丝面

2

3 材质和色彩暗示空间转换。墙面采用柚木实木拼搭配地坪的印度黑石材，转入客厅改为白色墙面搭配百木纹石材，将精选雕刻白大理石纵向切割出线条，在天然纹理中加入理性与利落成分。4 有如艺廊的玄关。玄关廊道地板使用印度黑石材，墙面嵌入用铁件支撑的悬浮大理石座台，光线聚焦于墙面和座台上的艺术品，让人感觉回家就像进入一个洗涤身心的艺廊。5 材质上的虚实变化展现餐厨空间的开放性。玄关廊道往右是客厅，往左便是结合吧台设计的开放式厨房，连接一旁增建的玻璃屋餐厅，将户外景色揽入室内。

6 光带设计勾勒空间。调整楼梯位置后，在扶手、楼板、天花板、柱体上设计了彼此分割又相联系的LED光带，白天时就像其中
条，夜晚时开灯让建筑线条鲜明而摩登。7 撑起玻璃屋的洞石墙。作为加盖区重要支撑的洞石墙，有如从地表长出来般串联里外，
是复层空间的重要角色，台阶为雕刻白大理石，人造石扶手内嵌不锈钢毛丝面与LED灯，轻盈而优雅地包覆铁件结构。

8 主题石墙元素反复出现。二
营造较温暖的木质调性，从书
望去，可见洞石墙、玻璃屋与
色，呼应一楼给人留下的印象

9 夜晚发光的光盒建筑。在宽敞的户外空间中，设计师打造了一处休闲平台，可以清楚看见增建的玻璃屋，创造出既是室内又有户外开放感的魅力角落。

隐身都会丛林的奇岩山水宅

文：维娅（Via） 空间设计和图片提供：近境制作

在公共空间中大面积铺陈石材，辅以镀钛金属增添现代质感。

项目信息

面积：369.6㎡／**重点使用石材：**卡拉拉白大理石、黑网石／**其他重点使用材料：**染色橡木、铁件、银灰石砖、人造皮革、镀钛金属

1 有如穿过石壁进入明亮的桃花源。以黑网石铺陈玄关壁面和地坪，玄关柜采用染黑的橡木，柜体顶天立地，让视觉不空间被切割，显得更挑高。客厅地坪选用浅色银灰石砖，暗喻空间属性转换。2 用色精简，以材质线条彰显大气。玄关天花板采用石材制造出倾斜的折角，让空间显得更高挑，转入客厅则改以平铺天花板，搭配灰色系沙发及家饰，展现石与砖材质的天然纹理。

设计师以“若盘In The Boulder”为主题，在市中心打造了369.6㎡的奇岩山水宅。在这个现代家居空间中，人会感觉身处岩石之中，空间以金属材质搭配石材，让原始、现代氛围完美交融，让人一进入这个居家空间，有如踏入都会丛林里的世外桃源。

进入室内，即可见到带折角的天花板，这让空间显得更高，在每个折角中，塑造出宛如原始矿石的痕迹，并以浅色大理石铺陈地坪，搭配合宜比例的深灰色调，形成沉稳的居家感受，在沉稳色调的陪衬下，阳光、灯源反而多了一股恬静感，而电视主墙与梁柱结构结合，并采用双面设计，在界定客厅、餐厅的同时，也让两个空间的视觉娱乐获得满足，墙体以镀钛金属做包覆，增添几许科技时尚感。餐厅旁为吧台区，通过斜角格局、天花板线条等呼应吧台桌造型，充满转折的流畅美感。在卧房中则对床头、天花板与床尾墙面做出连贯设计，以白色为底，黑色为经纬线，交织出工整细腻的线条美感。

3 材质隐喻不同空间属性。厨房以玻璃拉门隔开，有如原石切割的吧台串联厨房及餐厅，并使吧台区具有制作轻食料理的功能。吧台区延续使用玄关的墙面石材及天花造型设计，创造视觉亮点。4 材质引导动线划分区域。过道动线串联客厅、餐吧区，连接通往二楼的楼梯，第一级台阶被加大，并从第三级起改为木质台阶，借此暗喻即将进入卧房私人空间。5 金属与石材交织体现现代感与自然感。进入室内，客餐厅地坪采用大尺寸银灰石砖，借镀钛双面电视柜体区分空间，并打造环绕动线，有如镜面的镀钛金属注入未来科技的现代感。

6

7

8

6 石材演绎袅袅山水。卫浴呼应家居设计调性，地面、墙面以大理石做大面积铺陈，矿石的黑白纹理仿佛山水泼墨，给人云雾袅袅的感受，赋予使用者轻盈、放松的感受。7 木石交织冷冽且温润。墙面以黑网石渲染，如泼墨壁画，顺阶梯而上。在石墙上凿出孔洞引入光源，搭配木质踏阶，呈现冷冽中又有质朴的温暖。此外第一级台阶被加大，起指引作用，提示人进入另一个空间。8 马赛克石材拼贴出复古风情。卫浴主墙铺贴特殊的马赛克砖，制造复古的纹理，地面铺设黑网石，营造华丽的质感，洗手台下浴柜的精致线条呼应镜框的图腾，在现代空间中略施复古情怀。9 石木纹理相互辉映。书房以染色橡木作为主要材质，拼贴山形纹表现宁静自然的韵味。一旁的卫浴则使用深色地砖与纹路黑白交织的石材，既形成对比，又彼此呼应。

借石木布局
悠游山水之乐

文：杨宜倩　空间设计和图片提供：诺禾设计

运用格栅、茶室等设计搭配天然石材的不同质地，用现代手法诠释画中意境。

1 有如从林间望山。在茶室和客厅、餐厅相邻的两侧，安装了由黑色铁件、玻璃及实木组成的抽象隔断，同时也可用来摆设装饰品。从客厅望向餐厅，玄武岩石墙有如沉静的山。2 独立于空间中的会客场所。在公共空间的中心位置上，设计师设计了一个看似独立，却又能与其他空间对话的会客茶室，茶座架高于地板之上，木格栅与直横错落的铁件营造恬静而悠然的闲居气氛。

这处两室三厅的跃层位于建筑的一楼和二楼，主要是接待宾客或与家人团圆的地方，因此希望空间中要有能容纳亲友团聚的场所，营造出有质感的空间。设计师以日本浮世绘画家葛饰北斋的《信州诹访湖》作为整体设计的灵感，这位画家创作过一系列从日本各地角度看富士山的画作，在这幅《信州诹访湖》中，有一座小小茅草屋，远景是雄伟的富士山。屋主夫妻能接受日本文化，设计师便以这个意象发展整个空间的设计。

设计师希望在开放的公共空间里创立新的空间，给屋主一家可以灵活运用的新空间，提供新的生活体验。因此在客厅与餐厅之间，设计了一个以木材、石材和铁件构成的架高独立茶室，在这里大家可以平起平坐，增进家庭情感，让人仿佛置身于画中遗世独立的小茅草屋中。餐厅旁的玄武岩墙，象征挺拔的高山，格栅与空间中的垂直线条则是隐喻的树林。利用大地色的米黄大理石和木质设计，塑造出沉稳的空间氛围，营造出休憩、放松的空间感受。

3 简化线条让材质发声。电视墙采用 10cm × 60cm 的夏绿蒂大理石拼贴，让石材天然的纹理色泽散发质感。从前后的木平台望去，空间层次分明又虚实相映。

项目信息

面积：91㎡／**重点使用石材：**米黄大理石、夏绿蒂大理石、玄武岩、深金峰大理石／**其他重点使用材料：**海岛型木地板、花纹漆、铁件

4 石材谱出团圆欢聚气氛。将厚10多cm的玄武岩砖，人工敲打出不规则的凹凸面，让墙面有立体感，赋予厚实沉稳的力量。再以圆桌搭配圆形枝状吊灯，赋予这个角落团聚的象征意义。5 石材与金属的交响诗。米黄大理石延伸至整个公共空间中，餐厅旁的厨房设计了里外两区，独立区可隔绝烹调时产生的油烟，开放区的吧台以黑色石材勾边，立面铺上不锈钢，呼应空间中的黑色木作收边。

6

7

8

6 以不同材质的深色勾勒空间。玄关以深金峰大理石拼贴大理石米黄，搭配深色木格栅柜门。特意加宽入口厚度，营造一进门的大气意象。公共空间的深色在下半部，再以黑色木作勾出线条，增加细致鲜明的空间表情。7 楼梯材质暗示空间转换。从二楼楼梯通向公共区的地面铺设木地板，暗示空间功能的转换。楼梯间的梁多且粗，原本在墙面上贴镜子，为避免人影反映其上，表面贴上一层金色的膜，灯打在上面金光闪耀。8 石与木的温柔对话。楼梯旁的墙面选择和电视墙相同的夏绿蒂大理石，自然面的表现搭配木材质延伸，犹如一道温柔靠山。9 里外以光影变化串接。因为位于大楼的一楼和二楼，拥有一个门字形的户外庭园，设计了以石材铺陈交错的流水庭园，流水倒映绿树光影，不仅活络户外景致，而且隔着卷帘映入室内更有韵味。

被动式设计
都会绿色自然宅

文：蔡铭江 空间设计和图片提供：禾筑国际设计

移动位置后精心设计的观音石楼梯，让湿暗老宅焕然新生。

传承到第三代的老房子，是拥有一楼与地下一楼的长形空间，楼梯在整个房子的最后方，这使空气不流通，采光也仅局限于大门口，设计师决定以绿色建筑的设计方式着手进行老屋改造，减少人为因素影响，依据房子的特性着手设计，以达到通风效果。将楼梯调整到房子中心位置，一举解决采光和通风问题。

设计师希望营造出内外玄关的层次与穿透感，加上屋主喜欢内敛的深色调与朴实原始的材质，因此外玄关墙面采用灰色的文化石，再利用贯穿内外玄关的板岩吊柜与其下方的观音石平台和皮纹抽屉柜，隐喻玄关廊道的动线方向。内外玄关用玻璃和铁件作为隔断，营造出视觉通透的效果，塑造出空间的层次感，开放的廊道串起玄关、餐厅与两间卧房，经由深色的简单基调，将室内整合成一个流动且开放的生活空间。

屋内大面积使用板岩与观音石，其纹路与触感皆带给人自然原始的感觉，此外采用厚皮钢刷面的木皮，搭配墨镜与深灰色天花金属采纳格栅，表现出屋主喜爱的户外活动与简洁现代风格的特色。

飘浮在空中的观音石台阶。连一楼与地下一楼的楼梯以钢构设，台阶采用观音石，不仅稳安全，也让楼梯有如悬浮在半中的视觉效果，再以金属立柱缀出楼梯的质感。2 文化石营温馨回家感。为了使玄关明亮通风，使用夹纱玻璃门片增加光，同时消除被窥视感，在大处用文化石打造入口的温馨氛。

项目信息

面积：198㎡／**重点使用石材：**薄片板岩、观音石／**其他重点使用材料：**夹纱玻璃、夹白膜清玻璃、夹白膜茶玻璃、茶镜、墨镜、不锈钢镀钛板、粉体烤漆铁件、金属彩钢格栅、特殊漆、栓木木皮、皮纹美耐板、榉木户外地板

3 用薄片板岩打造柜体门片。贯穿内外玄关的板岩吊柜与其下方的观音石平台和皮纹抽屉柜，隐喻玄关廊道动线的方向。墙面上挂着屋主的单车，强调屋主的兴趣与阳光性格。4 石制岛台凝聚家人情感。开放式设计厨房是一家人聚餐的地方，宽大的中岛，给予屋主一家轻松自在的飨食之乐，后阳台的绿色植物墙，让人感受到如户外的明亮风光。

5 材质通过玻璃反射创造平衡对称美。通往地下一楼的起居空间以薄片板岩平衡铁件的冷调气息，通过玻璃的反射与对称，打造出视觉平衡的美感。

6

7

8

6 沉稳木色陪伴入梦乡。7+8 自然材质创造一室清透亮。卫浴的天花板用可透光的夹白膜清玻璃，营造出采光玻璃屋的气氛，墙面深色的金属砖，强调出白色独立浴缸的存在感。淋浴间采用开放式设计，不设置隔间的做法创造出度假别墅的舒压氛围。9 现代又休闲的视听娱乐室。地下室的起居空间，是屋主与朋友放松的地方。原为储藏室的地下室被重新打造成休憩式视听区，搭配墨镜与深灰色天花板金属彩钢格栅，并选用藤编家具营造轻松氛围。

黑白中点缀
律动图腾及石材

文：蔡铭江　空间设计和图片提供：城市室内设计

在现代前卫的空间中，一抹大理石纹更提升了细节层次。

2

屋主期望自家能融入喜爱的时尚品牌设计元素，设计师试图将这些元素在空间中转化成无限可能。同时，在冷调的空间当中，为了不让人的感觉和触觉是冰冷的，设计师花了许多心思，以特殊薄膜创造镜面质感，并在每一面墙上营造不同的主题，运用不同几何图形与薄膜拼贴出超时空氛围。如果不仔细触摸，很难察觉看似铁件的墙面其实是以薄膜雕刻手法打造而成的，消除了铁件的冷调感，再搭配整体的白色与黑色，打造出屋主喜爱的室内设计风格。除了设计元素的运用，设计师在天花板上以直线勾勒空间形体，在起居空间的天花板上直线条切割出3个区域，保留起居空间的动线自由，却也无形当中强化了空间区隔。

餐厅用一盏玻璃材质的灯具，搭配简约时尚感十足的餐桌椅，营造空间张力。在白色空间当中，给柱子贴上黑色、咖啡色薄膜，给天花板也补上双层的深色、白色的框线，让餐厅更具立体感。

主卧更衣间与梳妆台合并，有别于起居空间的亮面材质，设计师以白色皮质、布料与地毯铺陈出一系列的温暖。主卧墙面两边用茶镜让空间看起来更高更宽敞。卫浴则用大理石与薄膜，打造出亮丽且气派的空间。

1 照明与造型打造立体感。在明亮感十足的厨房和餐厅，用间接性光源照射整体空间 。2 跳色家具衬托空间特性。线条与图腾，为以黑白为底的空间制造出变化与律动，点缀单人茶色皮质沙发与抱枕，做出视觉焦点，也衬托空间的净白。

项目信息

面积：297㎡／**重点使用石材：**大理石／**其他重点使用材料：** 玻璃、木皮、3M薄膜

3 用图腾塑造迷离氛围。不规则的几何图腾堆栈后衍生出来的是迷幻时空的绚丽，从直线到六角形的运用，让空间具有时尚现代的氛围。4 嵌入式灯光设计。梳妆台结合衣橱设计，为了方便整装化妆，梳妆台两旁的照明与梳妆台结合，既能提供充足的光线，也不破坏整体空间的时尚感。5 用材质展现明亮感。卧房采用白色木皮、布料及地毯，搭配白色六边形薄膜，在冷调现代的气氛中，加入温柔的触觉感受。

运用单一石材
营造现代简约风格

文：薇拉 空间设计和图片提供：IS 国际空间设计

以卡地亚灰大理石贯穿空间，运用色彩及木材质暖化空间，提升时尚氛围。

1 用色彩打破石材的酷。设计师将原来的餐厅变身成为吧台区，为破除卡地亚灰大理石及类清水模石英砖所营造出的现代极简冷感，设计师大胆选择了橘色作为厨房及吧台区的主色，同时搭配黑镜让空间更显时尚感。2 大理石端景与镜面延伸。玄关与客厅间用柜体作为区隔，并以主材质卡地亚灰大理石作为玄关端景，搭配简洁的黑镜展现出现代风格的利落，同时也隐藏了大量的收纳空间。

项目信息

面积：115.5㎡／**重点使用石材：**卡地亚灰大理石／**其他重点使用材料：**胡桃海岛型木地板、意大利类清水模石英砖、梧桐木钢刷木皮、黑镜

原本在115.5㎡的空间中规划了4个房间，但对于屋主家庭来说，空间显得太过拥挤，于是IS国际空间设计将空间重新调整，将其中一个房间变成餐厅，与户外连通，另一个房间则变成主卧更衣室兼书房，让空间具有功能性，至于原来的餐厅则变身成为吧台区，让空间更具休闲性。

由于风格设定以现代意式风格和极简风格为主，考虑到风格的利落感，擅长运用大理石的设计师只选择以单一石材，来表现空间的风格及个性，但是运用单一材质贯穿容易让空间看起来过于单调，而且又要在极简的风格中注入时尚的元素，同时还要保有家居应有的温暖感，如何在对立矛盾中寻求平衡对设计师而言是一大挑战。

设计师最后决定以卡地亚灰大理石为主角，搭配调性一致的类清水模石英砖，来表现出现代风格的利落感及冷调。但考虑到空间的舒适性，便以胡桃海岛型木地板及梧桐木钢刷木皮来暖化空间。不同于一般现代风格，现代意式风格讲求时尚，设计师又以橘色作为跳色，形成空间焦点，适当的黑镜运用则让空间不只有延伸感，也让空间更具时尚氛围。

3

4

5

3 大理石搭配同调性石英砖。将原来临客厅的房间拆除，使餐厅与屋外绿景呼应，同样以卡地亚灰大理石作为餐厅主墙材质，并搭配类清水模石英砖，让空间调性更为一致。4 大理石与黑镜展现利落感。走廊同样选择以卡地亚灰大理石作为主材质，一边则选择用黑镜对应，营造出现代意式风格的利落感。此外，镜面里还隐藏了收纳柜。5 用壁布营造舒适感。设计师将两房合并成大主卧，规划了独立的更衣室兼书房，不同于公共空间的冷调，设计师选择用壁布营造出犹如五星级酒店的舒适感。6 类清水模的大理石效应。浴室对面是难得的绿景，设计师选择类清水模石英砖作为主要材质，营造沉静的氛围，让空间更为舒适。

巧用石材与品牌符号设计大宅

文：杨宜倩 空间设计和图片提供：力口建筑

3种石材交会的玄关，圆弧造型天花板有如欧洲拱廊。

这间房子是屋主一家三口计划3年后一起住的新生活空间，屋主希望将喜爱品牌的元素，注入居家设计中，同时空间要展现大气且细致的调性，还能将自己收藏的诸多艺术品、画作展示出来。为此，设计师在偌大的公共空间里，置入一个有如橘色方盒的设计，将需要隐私和独立的区域整合于内，拉大公共空间的尺度。地坪全部铺以雕刻白细花大理石，从玄关一直到客厅电视墙，铺以雪白玉，双石在光影下辉映，营造空间细部表情。而玄关的铂金橘色烤漆铁墙，与地坪石材拼嵌，都用屋主喜爱品牌的元素作为图腾，同时赋予装饰、透气的功能。

铂金橘色墙延伸至室内，内凹处为设计师精心设计的佛堂，选用深色秋香木皮营造沉静和谐气氛，后方则是连接厨房的餐厅，餐桌位置上方的圆形灯具呼应圆形餐桌，一旁搭配铁件，搭配木材质的书柜，未来摆上单椅，就是一个适于阅读的舒适角落。不仅石材运用于公共空间中，3间卫浴也各自运用了系列石材，夫妻使用的主卧卫浴走净白疗愈路线，两个儿子共享的卫浴则是沉稳酷炫风，都选用了有蓝色贝壳的乌克兰钻作为台面石材，而隐藏于玄关墙面内的客厕，选用了含有粉色贝壳的雪贝化石，借助天然的石材与细致的设计元素，通过配色与材质混搭，创造出3种风格。

1 公共空间双石辉映。雪白玉从玄关墙面延伸至客厅电视墙，与地面的雕刻白细花大理石相得益彰。玄关令人印象深刻的铂金橘色也应用在客厅天花板勾边处，4个角落的线条加粗，细节环环相扣。

雕刻白细花石材丰富空间表情。在宽敞开放空间中，雕刻白细花石材地板的天文路丰富了细节，一侧是大面开窗，提良好采光，另一侧是精心设计的橘色方容纳了客浴、佛堂及厨房3个区域。灯光设计营造用餐好情绪。客厅后方设为餐厅，天花板装饰内贴银箔的圆形灯当灯具被点亮时，通过银箔漫射出温舒适的空间氛围。

项目信息

面积：231㎡／**重点使用石材：**乌克兰钻、雪贝化石、雪白玉、雕刻白细花大理石、黑网石、银狐大理石／**其他重点使用材料：**黑铁激光切割铂金橘色烤漆、秋香木皮、小平条强化玻璃、马赛克玻璃、镀锌铁板、桧木染灰钢刷木皮

4 以石材和图腾展现大气。在玄关地坪上铺设雕刻白细花大理石，镶嵌黑网石，搭配黑铁激光切割铂金橘色烤漆主题墙，空间运用了屋主喜爱的品牌符号作为设计符号，墙面的H形镂空可以作为装饰，既美观又实用。6 优雅的浅色系主卧卫浴。主卧卫浴采用淡雅浅色系，双面盆台面采用乌克兰钻，搭配结晶钢烤浴柜，镜框选用贝壳石。淋浴间地面采用银狐大理石搭配桧木天花板，淋浴时能让人享受芳香气味。6 深沉阳刚的酷炫卫浴。与主卧卫浴不同，在两个儿子共享的卫浴间中，地坪与壁面选用和田石瓷砖，搭配乌克兰钻台面和黑色结晶钢烤浴柜，以及不锈钢毛丝面镜框，呈现前卫酷炫风格。7 同色系材质展现细部。用带点马赛克味道的和田石瓷砖衔接台面石材与黑色浴柜，下方靠近浴缸的柜格呈开放式，方便放置、拿取毛巾。8 贝壳与玻璃马赛克闪耀。镜中反映出来的墙面，选用了白色结晶、含有粉色贝壳的雪贝化石，墙面的马赛克玻璃将H符号融入其中。

4

5

6

7

8

深浅大理石
营造古典豪宅

文:Vera 空间设计和图片提供.IS 国际空间设计

客厅以壁炉为中心，金镶玉大理石做主墙，选用黑金峰大理石镶边并做出对称罗马柱，展现古典贵气。

由于屋主已经接管家族事业，因工作需求，常有来自世界各地的客户来家中拜访，对于风格的要求不只需要美观，更重要的是如何展现出居住者的品位及社会地位。

设计师将一楼规划为公共空间，包含客厅、餐厅及厨房，二楼及三楼则为家人专用的私密空间，其中三楼则为主卧专用。在风格上以古典风格作为主轴，但希望所呈现的古典是优雅的，避免过分夸张的装饰，并展现出古典贵气，于是设计师决定以大理石作为主要材质。

能将多种色彩及纹路的不同大理石融入空间，但又不会产生冲突是需要功力的。擅用大理石的！国际空间设计以层次及聚焦为设计手法。选择较浅的新米黄大理石作为地板；选用较深的旧米黄大理石作为踢脚板，让空间更具层次；选用较深的黑金峰大理石作为罗马柱、壁炉等的主要材料，呈现跳色效果并凸显风格语汇，选用纹路较特别的雪白银狐大理石、富贵红大理石、金镶玉大理石等作为主墙等的材料，充分展现豪宅的尊贵。

1

1 大理石让餐厅变身五星级酒店餐厅。餐厅主要满足宴客需求，连接展示型的开放式厨房，由于并不是主要烹调区，为了让空间更具质感，设计师特别选择雪白银狐大理石作为壁面材质，选择用较深的旧米黄大理石作为踢脚板，让空间更具层次。2 新米黄大理石带出低调奢华。餐厅以水晶灯为视觉中心，窗帘也以古典风格常用的盖头作为装饰，为带出低调的奢华感，设计师选择较为低调的新米黄大理石作为地板材质。

项目信息

面积： 561㎡ ／**重点使用石材：** 雪白银狐大理石、奥罗拉大理石、樱桃红大理石、富贵红大理石、浅金峰大理石、黑金峰大理石、新旧米黄大理石、米黄螺大理石、金镶玉大理石／ **其他重点使用材料：** 白栓木、橡木染灰海岛型木地板、茶镜、银丝玻璃、强化透明玻璃、壁布

3 用深浅大理石构筑星级浴室。拥有大面积采光的浴室，有着五星级酒店的浴室配备，选择大理石作为浴室主要材质，设计师除了以较深的旧米黄大理石作为地板材质，还选择奥罗拉大理石、浅金峰大理石、米黄螺大理石作为台面及壁面、地板的拼贴及装饰。4 大理石包覆电梯更显贵气。电梯间也选用新米黄大理石做包覆，传达豪宅里外一致的大气调性。

黑金峰大理石罗马柱。为了让来客一进门就感受到空的气势，设计师特别在大门玄关处设计了挑高对称罗马柱，并特别挑选黑金峰大理石作为材质，展现气。6 大理石主墙成为视觉焦点。别墅楼梯除了用来联楼层，也是重要的展示空间。设计师选择用红色的富贵红大理石作为主墙，以线板为框并用造型壁做装饰，让大理石也成为艺术品。

第二章
石材形式面面观

认识天然石材

天然石材是人类较早开始使用的建筑材料之一，浑然天成的纹路及瑰丽的色彩变化，向来为人喜爱，诸如埃及金字塔、希腊神庙、中国长城等，都以石材作为主要结构用材。即使今日建筑多以钢筋混凝土为主要结构，石材仍是广受欢迎的建筑立面、室内空间装饰材料。

石材的种类虽多，但并非所有石材都能用于建筑与装潢设计，一般要具备下列4种特性。

（1）颜色、花纹须美观一致，其内部应不含热膨胀系数大的成分，以避免石材内部应力集中，也不宜有导热及导电率过高的成分潜藏其中，造成危险。此外，一些有害石材表面含有硫化铁、氧化铁等，这些成分也不宜过多。

(2)硬度、强度适中，易于加工成型，耐风化度较好。
(3)产量丰富，能够稳定持续供应。
(4)解理及裂缝少，加工后成材率高且可供以大块形式开采。

原石的内部矿物构造会因生成过程中的地表运动不同，而产生极大差异，因此石材表面或内部出现瑕疵在所难免。要了解如何使用石材进行设计，首先要了解石材的物理及化学特性，才能正确地应用及设计。

一般而言，岩石依其生成方式，可分为岩浆岩、沉积岩及变质岩三大类，建筑石材依生成方式分类，主要分为岩浆岩类的花岗岩、玄武岩、安山岩，沉积岩类的石灰岩、白云岩、砂岩，变质岩类的大理石、蛇纹石等。

然而，目前建筑石材多分为花岗石、大理石及砂岩、板岩等，分类并不同于地质学中的定义，在商业中有另一套分类法则。几乎将所有的岩浆岩如玄武岩、辉绿岩、闪长岩等称为花岗石，由岩浆岩变质的变质岩亦称为花岗石；而商品名则依产地或花色特征来命名，像是夏目漱石、夏卡尔等商用石材名称，从字面上很难判断是何种石材，在本书“空间设计常用石材及运用”一章会做进一步说明。

岩石分类说明表

特征	岩浆岩	沉积岩	变质岩
岩石构造	缺少层理，呈块状不规则岩浆岩体。岩浆流动可造成层状构造，当岩浆流动时，已结晶出的矿物平行排列呈条纹构造	多数有层理及含交错层波痕、底痕、泥裂痕等沉积构造	原始岩为沉积岩，经轻微的变质作用，尚残留有层理；经高度变质作用，层理受破坏，由于矿物平行排列形成叶理、褶皱等构造
岩石组织	矿物组成以角闪石、辉石、云母等深色铁镁矿物及长石、石英等非铁镁矿物为主，矿物结晶颗粒彼此紧密镶嵌	构成主体的颗粒借由胶结物填充其孔隙，常含有完整的化石	呈长形或片状，矿物颗粒平行排列
常见石材种类	印度红、南非黑、蓝珍珠等	砂岩、木纹石、新米黄、金锋石等	和平白、板岩、蛇纹岩

石材用于空间装饰的特性

石材装饰特性的优劣，主要取决于石材的颜色、表面纹路、光泽等，不应有影响美观的氧化污染、色斑、色线等杂质存在。装饰特性良好的石材会给人一种和谐、典雅、高贵、豪华等美的视觉享受，挑选时应考虑以下几点。

表面纹路

石材表面纹路、花纹的形成，与岩石结构、带色矿物或化石的分布情形有关，也就是石材在形成时，内部含有其他成分的岩质，在不同的岩质并存下所呈现的纹路。一般大理石类石材的纹路质感较花岗石类的石材复杂且富变化性，主要原因在于大理石类的石材常含化石等岩质，经变质作用而形成褶皱、斑点等变质构造，最终形成别致瑰丽的装饰花纹。而粗粒结构的彩色花岗石，经研磨加工并抛光后，表面呈现出光彩；具条痕状、斑状、虎皮外观、眼球形等构造的花岗石，经抛光后形成各式的花纹，也极富美感。

光泽

光泽即石材抛光面对可见光的反射能力，是决定石材质量的一个重要指标。石材的光泽取决于组成的矿物所呈现的光泽，光泽度除与矿物组成及岩石结构有关之外，也和加工后石材镜面的平整度、组成镜面颗粒的细度及加工时表面上发生的物理化学反应有着密切关系。因此，石材光泽度不单与矿物组成及岩石的结构有关，更与加工方法、加工技术有着紧密的关联。

色泽

石材的色泽是指岩石中各种矿物对不同波长的可见光，选择性地吸收和反射，并以各种绚丽的色彩呈现出来。石材色泽与内部组成矿物的种类及所占有的含量比例有关，是相关因素综合呈现在石材表面上的结果。

石材色泽主要分为浅色与深色两类，浅色矿物有石英、长石、似长石等，深色矿物通常含有铁、镁，如云母、辉石、角闪石等。其中以长石的品种对花岗石类石材颜色的影响最大，一般斜长石使石材呈现白色、灰色、灰白色；正长石使石材呈深浅不一鲜艳的红色。石英多数为无色或白色，有时也带白、黄、紫等色，对石材整体的颜色也有相当的影响。云母含量较高的石材，其颜色会偏黑色或暗蓝色。

大理石类石材的色泽与所含矿物有关，如矿物的有色元素含量极低，石材则呈白色，含铜呈绿色或蓝色，含钴呈浅红色，含铁呈黄色，含锰呈玫瑰红色，蛇纹石则呈现绿色或黄绿色，石墨或有机质呈黑色或灰黑色等。另外，木纹石则是由碳酸钙再沉淀而成的一种岩石，沉淀周期内因为各种条件的变化，形成类似木纹的花纹。

石材的材质特性

天然石材的硬度不一，也因组成矿物比例不同，耐候性、抗腐蚀的程度也不同，以下从5项特性来说明。

耐磨性：石材抗磨损的能力

这是一种反映石材研磨抛光难易程度的指标。作为铺面的石材，因长时间受使用者的摩擦，故需要很高的耐磨性，石材的耐磨性与石材的硬度成正比。一般而言，花岗石类石材的耐磨性较大理石类石材的耐磨性佳。

强度：石材抵抗外力作用的能力

石材的强度包括石材的抗压、抗剪及抗拉强度，主要取决于石材的成因、石材结构构造、矿物成分、风化程度、含水率、微裂隙的发育程度及裂隙充填物的性质等因素，同时也与测试时的条件有关。在一般结构构造等条件相同情形下，石材的强度会随着高硬度矿物含量增加及密度增加而提高，也会随着矿物颗粒大小及形状的变化而有所不同，但却随着石材孔隙率及吸水率的增大而降低。

吸水性：石材抗风化能力的指标

吸水性即石材吸收水分的性质，所含水分以吸水率表示。石材的吸水性取决于某些矿物本身的亲水性，若石材中含有蛭石、蒙脱石等膨胀性相当高的矿物时，会导致石材孔隙率增大，吸水后对石材的质量影响非常大。另外，石材吸水率与其孔隙率的大小及特征息息相关，一般孔隙率越大，吸水率也越大，但封闭的孔隙则不一定。石材的吸水率越低，其抗风化的能力就越强，反之则弱。

孔隙率：越小越不容易受污染

孔隙率深深地影响着石材本身的吸水率及毛细现象，即对抵抗污染率的能力有着相当大的影响，孔隙率越小，吸水率越小，受污染的现象就越少。

耐酸碱性：决定石材使用的位置

花岗石类石材耐酸碱性良好，既耐腐蚀又耐磨蚀，因此越来越多的建筑物的外装饰及地面、楼梯等采用花岗石。反之大理石则不耐酸碱腐蚀，也不耐磨，只能作为室内装饰材料。

石材加工与流程

石材一直给人价格昂贵的印象，这要从产地开始说起。我们日常接触到的石材多来自世界各地，而每个石材矿区的地理环境也都大不相同，有的在丘陵，有的在河谷，更有的是在高山上，造成了石材在开采及运送上的困难度。再者，石材并非从矿区开采出来就能贩卖、使用，需要挖到结构紧实、纹路美丽的原石。多数人都喜欢大尺寸、形状方正、没有裂缝、纹路又要接近完美的A 级品，因此原石的成材率越低，原石价格也就越高。

开采出来的原石从石材产地运送到工厂加工，将石材切割成大板、填缝补胶、研磨抛光。而天然的原石内部常常有不可预测的状况，加工失败的例子，屡见不鲜。

剖好的大板，会送到各地的二次加工厂或石材仓库去。二次加工厂负责的工作包含工地丈量、放样，石材裁切及磨边，石材搬运及吊料，石材安装与美容等。影响石材价格很大的一个因素是取材率，如果大板四周有缺角，就必须裁掉，一般取材率大约是80%，要依实际情形而定。至于加工好的成品是否漂亮，师傅的技术是主要因素，功夫好的师傅加工费自然就比较高。这些因素加起来，都会影响石材的成本。因此，质量优良的石材制品是彰显空间气度的绝佳材料。

石材加工流程

第一步
从石材矿区开采出原石

第二步
原石集中到荒料存放区，等待加工

第三步
原石送至一次加工厂，将原石切成大板

第四步
切好的大板，取材率约80%

第五步
将裁好的大板进行填缝补胶、研磨抛光

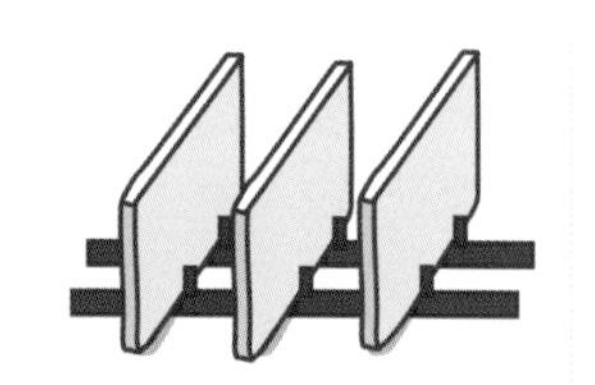

第六步
处理好的大板运送至石材仓库存放，进行销售

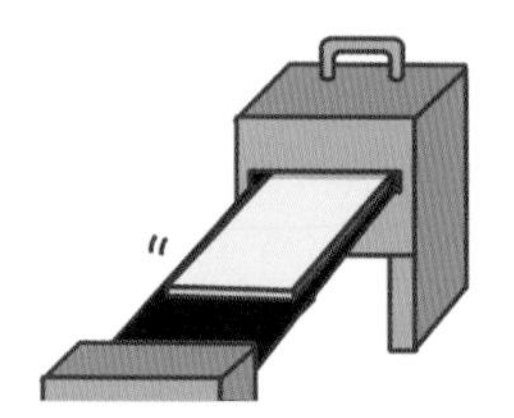

第七步
将选定的石材大板送至二次加工厂，根据设计进行裁切、磨边、表面处理等后制

第八步
将加工完毕的石材半成品运送到施工地点

常见的表面加工

自然面 看起来很自然，表面有手凿出来的触感

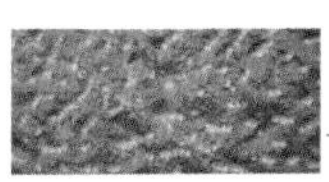

菠萝面 表面凹凸肌理像菠萝

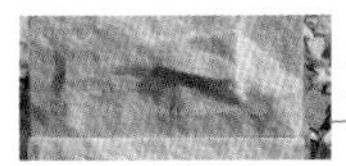

蘑菇面 中间会比较凸起，更具立体感

荔枝面 有点像自然面，但凹凸感比较细致，比较像浮雕

火烧面 利用矿物熔点不同，把石材某种成分的矿物烧掉，比较有水波纹的感觉

喷砂面 表面会粗粗的，像粗砂纸的质感

机割面 会有规则的直纹

抛光面 表面如镜面，会反光

亚光面 和抛面一样表面平滑，但它是消光的效果

天然石材仿古面及其加工流程

近年来，由于石材设计装饰潮流的改变，天然石材的仿古加工越来越广泛地被应用在各式建筑的装修装饰工程中，其实天然石材仿古面并不是近几年才被开发出来的新加工方式，早在20世纪90年代就已经有了。

所谓“仿古石材”，就是把天然的花岗岩或大理石经特殊的处理，使石材的表面出现类似风化后的自然波面或裂纹，类似石材经过长久使用而出现的自然磨损效果（近似亚光或丝光的效果）。通俗些讲，就是把天然石材加工出像是使用了上百年的古旧效果。

仿古加工能够使石材具有凹凸不平的缎面丝光效果，显现石材天然晶体光泽，起到独特的装饰效果；同时还改善了石材的防污性能和防水性能，并且可以起到防滑作用。石材的仿古加工还可以避免建筑物因为光的镜面反射而出现光污染。同时仿古石材磨损后容易修复，颜色的色差比磨光加工要小，也更能体现自然环保的价值理念。

石材施工及保养

石材有一定厚度，加上密度高、重量较重，因此运用于墙面，甚至天花板时，只有正确的施工法才能兼顾安全与美观。以下是室内外墙、地面与填缝的施工重点，完工后的清洁及日常养护要点等。

室内墙施工

依据设计图选用施工方法，并照施工规范大样图安装固定，石材应用在室内装修中讲求精致华丽细腻，一般石材施工高度在3m以内，施工需配合设计造型要求，以达安全华丽舒适的效果，以下这几种工法来配合施工。

(1) 干式固定工法：利用铁配件将石材吊挂在施作面上。
(2) 传统湿式工法：利用连接件固定石材与被施作面，间隙用水泥砂浆填充。
(3) 湿式加强工法：利用简易型铁件固定石材与被施作面，间隙用水泥砂浆填充。
(4) 黏着剂工法：利用胶泥或特殊黏合剂将石材固定于被施作面。
(5) 轻隔间工法：利用铁配件将石材固定于轻钢架上。

室外墙施工

需依据设计图采用的工法，并照施工规范大样图安装固定，且需依控制线安装石材。

湿式加强固定工法

这为湿式固定工法的改良版，采用固定铁件或拉钩连接作为辅助固定石材，最后做填缝处理。

石材厚度与湿式固定工法相同，同为18 ~ 20㎜厚，间距同为5 ~ 6㎜宽。缺点为不易克服水渍等问题。

干式固定工法

干式固定工法是目前钢筋混凝土结构建筑所广泛采用的石材现场施工工法，以一片石材为单位，一片石材由独立固定铁件吊挂固定，干式固定工法具有防震、防水、隔热、防污染、可做特殊造型等优点。

地面施工

施工前应将地面整理干净，采用干拌水泥砂，铺置石板。

地坪湿式工法

水泥砂浆铺贴（软底工法）

依规划图指示，分割石材、控制线及高程控制面，在操作面上进行比量，确认无误后开始施工。在地板表面均匀淋洒水泥浆，再铺以较干的水泥砂浆，将石板放置其上，调整至正确位置后，再贴着水泥浆安装固定。室内地坪铺石材，沟缝应小于2㎜，以水泥浆或其他合适的填缝材料填补，沟缝大于3㎜ 须用防水材料填补。

水泥砂浆及胶贴（硬底工法）

将预定铺设表面以1：3水泥砂浆粉刷整平，并预留5 ~ 10㎜空间。清理铺设表面，并将规划图上的石材分割控制线，正确放样在铺设面上。将在工厂预先配比完成的特殊水泥砂或胶，加一定比例的水或助剂，均匀搅拌后，以沟槽式平均涂布于铺设表面，再将石板轻放于砂浆或胶上，调整至正确的位置。地坪铺石完成后，沟缝用特殊水泥浆填补。

地坪高架干式工法

依规划图面将石材分割线放样于铺设面上。在所有分割交点上预埋金属盘座，调整至设计位置，在占金属盘座 1/4 的位置加胶铺贴石材。铺设完成后，2 ~ 5㎜宽的沟缝以防水沟缝方式填实。

填缝施作

施工前应将灰尘杂物清除，并选用合适的填缝剂，由接缝的交叉点开始充填，终止点避免交叉施作。施作时要随时清理，避免污染到周边石材。

常用施工法快速评比

工法	湿式工法	干式工法
石材重量	适用于较薄、较轻的石板（厚度1.8~3 cm）	适用于较厚、较重的石板（厚度2.5~4 cm）
耐候性	温度、湿度的影响使水泥砂浆产生张应力，而造成石材扭曲变形、脱落	无水泥砂浆，固定连接件可应对石材的收缩、膨胀，耐候性佳
耐震性	石材通过水泥砂浆与壁体结合成一体，石材易因壁体变形产生龟裂	石材与壁体有空隙，较不受壁体变形影响，耐震性佳
耐撞性	因内有水泥砂浆，故影响较小，只有龟裂之虞，耐撞性佳	底层有破损可能，故施工须于底层做防撞填实处理
白华现象产生出现概率	高	无
施作工期	施工较慢	施工较快
施工成本	价格较低	价格较高
常用位置	地坪	墙面
注意事项	石材与结构面之间的水泥一定要确实填满，避免空心产生；施工完后须静置24h，避免碰撞及重压	所有的金属固定件以环氧树脂固定时，不可有松动或倾斜现象；一定要给环氧树脂 1 d时间充分干燥，铁件与墙面的承载力才足以负载石材重量

让细节更美观！石材转角的收头设计

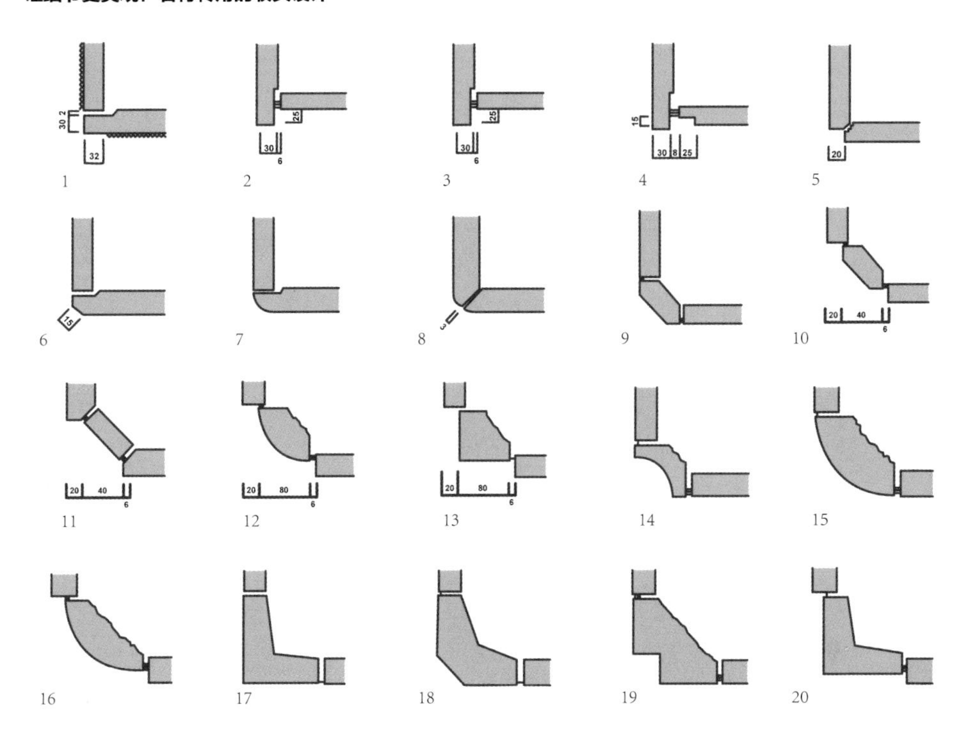

石材施工验收

石材验收的重点可分为安全性及美观完整，验收时可从下面几点来检视。

是否平整稳固

石材面板单片重量可能超过20kg，因此必须注意石材的平整及稳固与否，避免日后石材面板脱落。因而验收时可从其外观是否平整，以及摇晃后是否稳固来进行判别。

沟缝的水平垂直线

沟缝整齐与否会影响整体美感，一般而言，正常安装的石材，沟缝的水平与垂直线条相当明显，也不会有歪斜的状况发生。

石材纹路与完整度

检视时可注意石材是否有缺角，以及石材面板的纹路与色泽搭配是否与施工前沟通及照片呈现一致，避免施工人员错误安装面板。此外，花岗石的安装可检视其色泽差异是否太大；大理石部分，除非有事先要求，否则正常完工的大理石表面应为对花对色。

可对照设计施工图

交屋验收时，可要求施工方提供石材计划设计图，加以比对面板施工完成尺寸，施工人员会利用角材修边少数施工误差大的面板，因此必须要求线条比例正常，以免施工人员蒙混过关。

留意采用湿式加强固定工法施工处是否有空心

可用轻轻敲打产生的声音判别，采用该工法施工须确认水泥砂浆填满石材与结构面，因而敲打时声音应为一致，若不一致或有空洞感，则可能有施工问题。

石材常见的病变

石材是天然素材，因此，许多因素可能造成其表面被改变，产生有碍美观的瑕疵。从物理角度，最常见其他材质渗入石材，导致石材变色；从化学角度，如大理石主要成分为碳酸钙，与酸性物质接触就会造成石材表面侵蚀。而石材最常发生的3种状况分别为水斑、白华、锈黄，下表说明其发生原因及可能产生的结果。

石材病变种类及成因

状况	病变形成原因	形成原因
水斑	表面湿润含水，使得石材呈现暗沉，影响外观	分为两种，一种由单纯水分的吸收引起，因石材本身有毛细孔，当雨水、清洗地面的水从石材正面渗入，就会使石材表面产生暗沉现象，另一种则是因石材采用湿式加强固定工法施工时，水泥里的氧化钙未完全溶解，通过毛细孔与水汽及空气中的二氧化碳结合，产生容易吸水结晶的碳酸钙，就会让石材表面湿润含水、色泽暗沉
白华	在石材表面或填缝处有白色粉末产生，常发生于户外或水源丰沛的地方，如花台、户外阶梯、外墙填缝等	石材装设时，所用的水泥砂浆里的碱性物质，被大量水分分离出来，渗透至石材表面或填缝不确实位置，再与空气中的二氧化碳或酸雨中的硫酸化合物反应，形成碳酸钙或硫酸钙，当水分蒸发时，碳酸钙或硫酸钙就结晶析出形成白华
锈黄	石材被锈斑污染，呈现不均匀的黄色	锈黄产生的原因可分成3类：原石本身含有铁矿物，其中不稳定的硫化铁可能会因为周围环境较为潮湿，或酸雨侵蚀溶解造成锈黄现象；石材加工过程中，可能因钢铁锯残余的钢砂未清理干净所致；石材在安装施工时，可能因其周边的铁制配件生锈，扩散至石材表面而形成

石材的清洁与养护

石材表面处理方式不同，如粗糙面或光板面，保养重点亦不同。光板面的保养，大体上仍以维护其表面鲜明度与明亮度为主。粗糙面保养，则分原始糙面再生、去除污染、防水处理、破损补强等。

市售的天然石材，大致分为大理石类与花岗石类，以二氧化硅为主的花岗石通常具备刚硬的特性，以碳酸钙为主的大理石硬度较软。针对石材的特性，应评估需要进行的保养频率及保养方式。

气候条件是造成石材老化的主要原因，如在寒带地区，石材未在安装前做防水处理，之前吸入的过多水分可能在气温低于冰点时，直接在石材内部结冰，而造成石材内部的破裂（胀破）的现象。又如户外的酸雨被石材的毛细孔吸收后造成的侵蚀和病变问题，均是在进行石材保养工程前事先评估的事项。

石材病变处理方式

状况	使用药剂	处理步骤
水斑	水斑处理剂、石材养护剂	用清水将表面洗净，再以干净抹布擦干。用毛刷将处理剂抹匀，静待约5min。使用试纸测试石材表面pH。若试纸呈蓝色或绿色，则表示仍未除去会使石材产生水斑的碱性物质，因此可重复处理，直至石材表面呈中性或酸性（试纸呈黄色或红色）。用清水将处理剂洗净，并用干净抹布擦干。用瓦斯喷枪将石材表面的水烘干。等石材表面温度40~45℃时（摸起来温热不烫手），上养护剂，并用毛刷涂抹均匀。静置5min后，用干净抹布将残余养护剂擦去。接着静置24h，不沾到水即可
白华	白华处理剂为酸性物质，使用时须戴手套，且较不适用于大理石面	将处理剂稀释5~10 倍。再将其敷于产生白华的地方，并以毛刷涂抹，使处理剂产生反应后，以刮刀刮除反应物质，直到处理干净为止。刮除后，以清水清洗表面，洗去残留的物质
锈黄	锈黄处理剂搭配敷料	将处理剂与敷料以3 ：1 混合搅拌成糊状，再将混合物覆盖于锈黄斑上，并以保鲜膜覆盖于混合物之上，以防止蒸发干涸（覆盖时间8~12h）。在此期间内应定时查看锈黄是否清除褪色。待锈黄已被清除，可用锅铲或刮刀除去混合物，并用清水清洗干净。用瓦斯喷枪将石材表面的水烘干。等石材表面温度40~45℃时（摸起来温热不烫手），上养护剂，并用毛刷涂抹均匀。静置5min后，用干净抹布将残余养护剂擦去。接着静置24h，不沾到水即可

石材安装的周遭环境影响石材劣化的因素相当多，如果是安装于潮湿浴厕区域的石材，因使用盐酸或具腐蚀性的清洁剂做不当清洁，会造成酸蚀或黄化现象。又如在公共区域行走频繁的区域，很容易发生加速磨损的现象。或是厨房用餐区域，石材容易因油污及色料造成污染，因此在保养石材时，应将环境因素纳入考虑之中。

石材是基本特性相当复杂的建材，相关保养技术涉及的层面相当广泛，并非只是使用上层晶化剂做光泽保养，或涂上防护剂即做好防护，有时甚至得用重型研磨机，在研磨过后才能获得细致的光板面，因此选择优良的石材厂商，后续的养护也就有保障。

石材脏污急救方式

污染类别	说明	处理方式
果汁	苹果、柠檬、橘子等带有酸性的水果，容易渗入石材孔隙侵蚀，造成表面粗糙，且水果含有色素，如果长时间不清除，也会造成受污染石材表面黄化	若石材表面已被侵蚀，可用抛光粉抛光，若果汁造成石材表面黄化，可使用中性清洁剂清洗，若仍无法清除，再使用除色剂处理（处理步骤与锈黄相同）
胶水	瞬间胶、热胶、环氧树脂胶在石材表面硬化	使用刮刀刮除，若还有残余的硬块，则使用除蜡剂清除
墨水	墨水等污染会渗入石材内部，渗入时间愈久愈难清除	沾染上时，尽快擦洗清除，若颜色已渗入，就需使用除色剂
口红彩妆	口红及彩妆成分含油、蜡、染料，若污染到石材，会很难清除	先刮除表面过量的口红，再使用丙酮直接擦拭污染表面，去除污染源
牛奶、奶油及乳制品	乳制品含动物脂肪，会发臭且使石材表面黄化	先使用中性清洁剂清洗表面，若黄化，再用除色剂处理

人造石

人造石为合成产品，利用树脂加入色膏、石粉等成分制造而成。其外观犹如天然石材，能表现石材的纹理，却没有毛细孔，比起天然石材防污、抗脏、不易吃色、好清理，因此广为用于厨房台面、扶手等，不过人造石不耐刮，若出现严重刮痕，可请厂商打磨处理。

人造石板材主要由树脂（占成分30% ~ 50%）、填充材（占成分50% ~ 70%）、色粒（占成分2% ~ 10%）及颜料（占成分1% ~ 2%）四大成分合成。人造石的种类依所使用的主要材质类型分为以下几类。

纯亚克力型人造石

纯亚克力型人造石的主要成分树脂，为亚克力材质（学名：聚甲丙烯酸甲酯PMMA），填充材为氢氧化铝（俗称铝粉）。市场上有一些品牌称100%亚克力（MMA）人造石，其实是指占人造石成分30 ~ 50%的树脂部分为100%亚克力，并非由100%亚克力树脂制成。

亚克力树脂流动性好，制造工法难度大，设备投资庞大。因此只有世界上一些大品牌的人造石板材性能比较稳定及可靠。纯亚克力型人造石板材弯曲性能好，耐候性较强，特别适合弯曲及特殊造型的台面。

复合亚克力型人造石

复合亚克力型人造石的树脂为优质不饱和聚酯树脂，是由树脂与亚克力树脂复合制成，填充材为氢氧化铝。复合型亚克力型人造石板材弯曲性比纯亚克力型人造石板材差，韧性较好，尤其适合作为厨具台面。

不饱和聚酯树脂型人造石

不饱和聚酯树脂型人造石使用的树脂为一般的不饱和聚酯树脂，填充材有些会用氢氧化铝，有些则用碳酸钙。由于不饱和聚酯树脂的等级很多，有好有坏，因此不饱和聚酯树脂型人造石，品质差异较大，填充材使用氢氧化铝或使用碳酸钙，也对人造石的性能影响很大。

氢氧化铝型人造石

氢氧化铝型人造石的树脂使用亚克力树脂或不饱和聚酯树脂，填充材使用氢氧化铝，稳定性高，耐候性较强，韧性较好。

碳酸钙型人造石

碳酸钙型人造石的树脂为一般的不饱和聚酯树脂，填充材使用碳酸钙，稳定性差，耐候性差，质地较脆，容易断裂，且易褪色、泛黄。

人造石板材品牌及种类

种类	性能	用途
纯亚克力型人造石	弯曲性能好，耐候性较强，韧性好	特别适合弯曲及特殊造型的台面
复合型亚克力型人造石	弯曲性较好，韧性较好	适合一般的台面，特别是厨具台面
不饱和聚酯树脂型人造石	不能弯曲，韧性较差	适合一般的台面，要看材质好坏
氢氧化铝型人造石	弯曲性能好，耐候性较强，韧性好	适合弯曲及特殊造型的台面、厨具台面等
碳酸钙型人造石	不能弯曲，稳定性差，耐候性差，比较脆，容易断裂，并容易褪色及泛黄	建议不要使用

使用人造石要注意

防烫

刚从炉火上或微波炉中拿出的热锅、热盘子或其他温度高的用具，应放在隔热垫或有橡皮脚的三脚架上，不可直接置于人造石台面上。另外，电饭锅或其他加热器具放在台面上，也应用垫子隔开，不要直接接触人造石，避免对人造石台面造成损害。

防切

绝对不要将人造石台面当成砧板使用，切菜时请垫上砧板。虽然人造石台面坚实耐用，但是在上面直接切菜，会留下不美观的划痕。若不慎留下刀痕，可以根据刀痕的深浅，采用180 ~ 400目砂纸轻擦表面，再用海绵擦拭处理。

保持干燥

虽然人造石防水，但自来水中含有漂白剂和水垢，停留时间过久，会使台面变色，影响美观，若被水泼溅，尽快用干布擦干。

图片提供：云邑设计

第三章
空间设计常用石材及运用

大理石

质感细腻低调见奢华

大理石为变质岩，未变质前主要是石灰石及白云石，就地质上而言，称之为“再结晶石灰岩”，指的就是碳酸盐类矿物经压力及热力变质所引发的再结晶结果，主要组成矿物为方解石、白云石等，结晶颗粒通常呈互嵌状组织。在矿物组成上，大理石与石灰石都含有相同的碳酸盐类矿物，但组织结构有极大差异，不过目前商业上仍将大理石与石灰石全归纳为大理石。

大理石多为块状构造，也有不少具条带、条纹、斑块或斑点等构造，加工后成为有不同颜色和花纹的装饰建筑材料。挑选石材时尽量以石材外观是否符合自己喜好来做判断。大理石依据表面色泽和加工方式可分为浅色系、深色系和水刀切割而成的拼花大理石，可依照家居风格与需求做选择，选择合适的大理石种类，单色大理石则要求色泽均匀，图案型大理石则尽量挑选图案清晰、纹路规律者。

适合风格	现代风格、古典风格
适用空间	客厅、餐厅
产地来源	意大利、中国、东南亚

雪白银狐

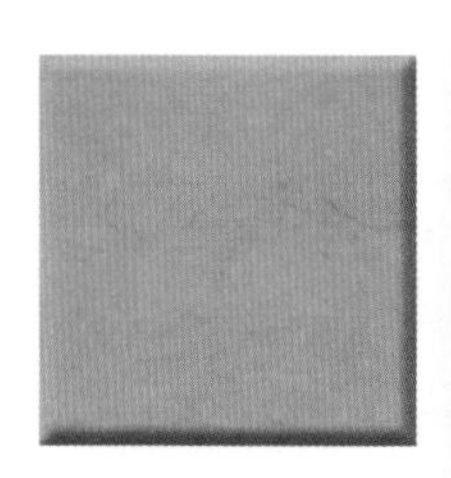

古典米黄

各式大理石比一比

种类	特色	适用空间
浅色系大理石	主要有白色系和米黄色系大理石；白色系的大理石适合用于空间中的基底，但其毛细孔较大，吸水率较高，硬度较深色系大理石软，在养护上要多费心	适合不常使用的区域
深色系大理石	深色系大理石较浅色系大理石坚硬，且毛细孔小，吸水率相对较低，再加上深色的底色，防污效果较浅色系显著	适合运用在较常使用的区域
拼花大理石	包含花卉、几何图案等，图案富于变化，各家的图案多样，建议可依自己的喜好选择	常用于玄关地坪点缀

南非黑

夏卡尔

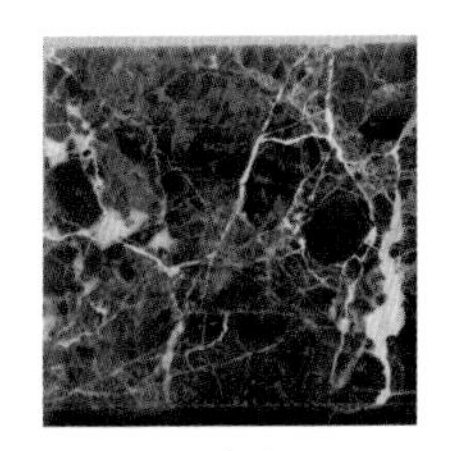

深金峰

大理石乃因造山运动而形成的石材，虽然硬度没有花岗石高，但比起石英砖、瓷砖都硬，铺设在地面或壁面皆可。而大理石本身有毛细孔，一旦与水汽接触太久，水汽就会渗入石材，与矿物质产生化学变化，造成光泽度降低，或有纹路颜色加深的情形出现。

因此，较不建议将大理石铺设在浴室等容易潮湿的地方，若要铺设的话，在打底防护上可以选择高质量的水泥砂浆，石材防水工程也要做到表面的六面防护。另外，大理石易吃色，若是不小心沾到饮料、酱油等有色液体，要尽快擦拭干净。

一般最常遇到的大理石病变问题为白华、锈黄。之所以会产生白华，主要是因为在铺设时，防水处理未做完善，水分渗透到混凝土中，而渗出大理石表面，水分蒸发后，就在大理石表面形成一层碳酸钙，因此建议在铺设大理石前要做好防水措施。

在现代几何线条的概念下，设计师以黑金峰大理石材质构筑地坪与接待柜台，采用常见木地板的人字形拼贴分割手法，让石材纹理走向发散，加上光影的反射，意外产生如跳跃水纹般的奢华光泽感。图片提供：水相设计

入口玄关以白色系灰色底的雪白碧玉大理石作为立面主墙，其纹理相较常见石材纹理更为轻淡许多，加上没有杂纹、底色纯，展现有如玉一样的质感。图片提供：水相设计

空间选用蒙马特灰大理石作为空间装饰主题，激光切割图腾门片以不锈钢收边，在华丽贵气中藏着不同材质结合的趣味。图片提供：诺禾设计

去除阳台隔间并向室内略为延伸加宽，再以半透明的活动隔屏界定玄关区域。加大并垫高的玄关，铺上素雅的银狐石材，除可加强进入室内的第一印象，舒净的空间也成为女主人的瑜伽天地，朋友来访时也可轻松坐在此处聊天。图片提供：沈志忠联合设计

冰灰大理石墙与立柱是空间中的焦点，天花板采用间接照明，冰灰墙面上下都设有洗墙灯，搭配意大利雾面石英砖地板，营造刻意低调收敛的奢华细节。图片提供：诺禾设计

天井下方的造景，选用卡拉拉白大理石基座，底部使用不锈钢做框架并设计排水，外面包覆木材料，将大理石黏附于木材料上，降低遇水变质的情况发生概率。图片提供：诺禾设计

为改善原本狭长而沉闷的氛围，设计师沿室内水平轴线做开放设计，使屋内前后空气得以对流。再以具光泽感的银狐石墙做出书房的格局定位，搭配半透亮的玄关隔屏与仿清水模瓷砖电视墙，让墙的阻隔与压迫降至最低。图片提供：沈志忠联合设计

原本老式的阴暗阳台，因地面铺上银狐石材而让整体质感与亮度大为提升。为了平衡浅色石材，设计师采用线性的木格栅，将其从大门天花板一路延伸、转折至墙根而成为玄关端景，色调及材质的纹路都恰好与银狐石材形成有趣的对比。图片提供：沈志忠联合设计

在这个强调明亮感与渐层通透格局的低调空间里，图纹轻柔隐约、色调明亮可人的银狐石墙被安置于室内中心，在视觉上成为开放空间的聚焦点，此处搭配重点照明，让石纹更能展现其装饰感。图片提供：沈志忠联合设计

由于女主人偏好素雅干净的石材纹理，因此客厅主墙选用白底带灰的大理石铺陈，轻淡的纹理如同散开的树枝，对应地面的月光米黄大理石，都接近米白色调，两者更为协调，且此款米黄大理石玻璃质优，反射性高，也更为透亮。图片提供：水相设计

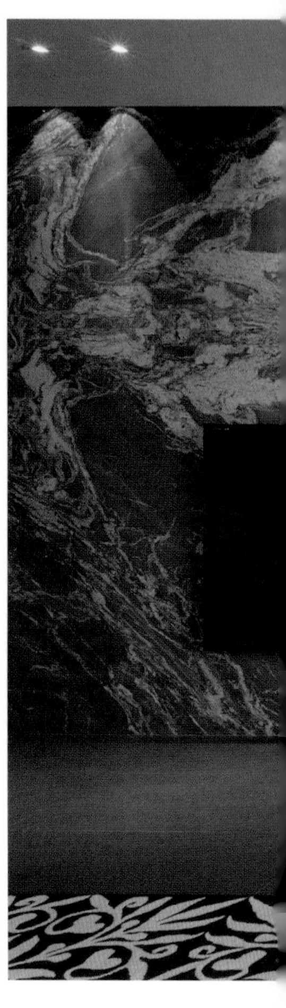

对比有着丰富纹理的大理石地面，立面材质被刻意简化，挑选素雅的透光玉石打造而成，拉出两者之间的独特性，同时也创造相得益彰的大气氛围。图片提供：水相设计

石材是豪宅设计的重要建材指标，为展现空间的奢华基调，在最受人瞩目的电视主墙上选择图纹明显、气势磅礴的泼墨山水纹理石材，并做整体无切割的铺陈，塑造出空间的不凡气度。图片提供：鼎睿设计

石材风貌经常可反映屋主性格，由于屋主喜欢浓重质感，因此选择以带有泼墨山水纹理的大理石从玄关铺陈延伸到客厅，并在玄关处搭配茶镜与重点照明，以增加明亮程度与华丽感。图片提供：鼎睿设计

屋主偏好强烈的石材纹理质感，希望住宅能拥有尊贵气势，因而选用大理石做地面铺设。特殊的蝴蝶纹与入口处直向纹理正好有所区隔，以此界定出不同功能的生活区域。图片提供：水相设计

石材就如大地演化史一般内蕴深厚的魅力。此案屋主因很喜欢石材，在装修前就先挑选了这块翡翠森林石材，并因其幽暗的灰色纹理联想到竹林的主题，尤其搭配泥作天花板，更可凸显出自然无造作的设计主轴。图片提供：鼎睿设计

作为房地产业的签约中心，业主看重契约精神，以中华文化特有的文房四宝为灵感打造出笔、墨、纸、砚4个主题签约室，其中墨房将具有泼墨纹理的石材裱成一幅画，搭配大面积的留白衬托背景，而石材天然的色泽即表现出水墨浓、淡、干、湿、焦五彩墨韵，黑色石材桌面则隐喻墨宝，象征对书写文字的慎重与诚信。图片提供：水相设计

餐厅转角运用泼墨山水纹理石材做包覆与转折，让用餐空间环绕在自然流动的石纹画面中，一侧则以精品餐柜提升奢华氛围，而隐约反映在玻璃镜面上的石纹则延伸了石材美感。图片提供：鼎睿设计

慕尼黑与奥罗拉大理石做双色铺贴的地板，展现出复古黑白的年代感，再搭配墙面上奥罗拉石材的全铺面，让画面晕染上似有若无的石纹，呈现轻盈无压力的美好。图片提供：鼎睿设计

电视墙使用深色石材，以增加空间分量感，不铺满的设计让墙面轻巧许多。木皮与木地板皆为深色，家具采用轻盈的白色系。图片提供：禾筑国际设计

结合开放收纳与下方藏酒柜的设计，台面石材与客厅电视主墙石材相呼应。柜体的木皮与木地板花色接近，可起到放大空间的效果，并可整合空间过多材质。图片提供：禾筑国际设计

由于空间采用灰色调，石材也选择中间调性的米格灰大理石，与空间的浅白灰搭配。两片拼接悬浮的墙面，只要在内部结构加强，就能承载石材重量。玄关入口以茶镜及浅色铁件屏风搭配墨黑色墙面，以简洁呈现石材线条的张力。图片提供：禾筑国际设计

卫浴在干区使用石材，提升空间质感与贵气。洗脸台选用深色波斯灰大理石点缀，在卫浴空间建议挑选深色石材，较不易受潮变色。图片提供：禾筑国际设计

为了更加凸显翡翠森林纹理大理石本身流动的石纹特色，在空间设计上不仅简化了主灯设计，同时通过盆栽和内置的温暖灯光来营造出竹林漫步的昏暗光氛围，同时也映衬出户外公园的明亮空气感。图片提供：鼎睿设计

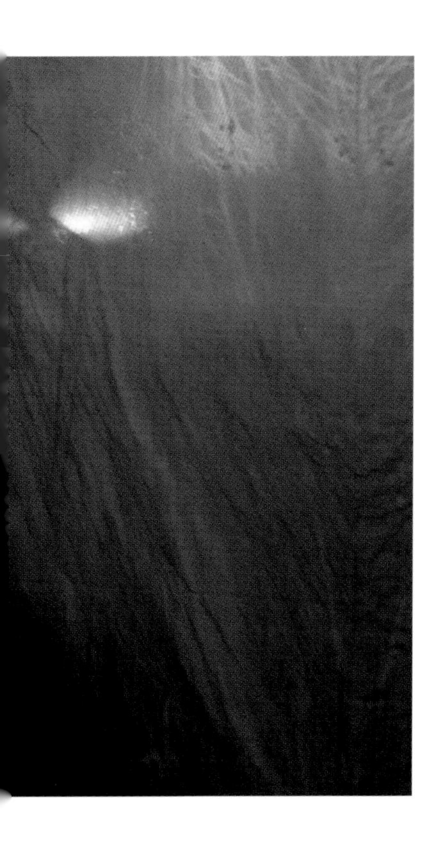

屋主希望回家后获得平静氛围，因此空间以白色为基调，通过各式材质的白与局部原木，带来轻松又不失质感的效果。位于中岛厨房后方的小孩房，为了能采光充足，隔间以小雕刻白大理石及玻璃构筑，如水墨般的纹理在纯白空间中创造人文质感。图片提供：水相设计

担心油烟就不能在厨房用石材吗？喜欢石材的屋主选用了小雕刻白大理石来包覆墙面、柜体，甚至排烟机，用完美接缝与细腻工法演绎出最美厨房，让人几乎忘了这是以功能为重的空间。图片提供：鼎睿设计

主卧浴室拥有充足阳光，加上女主人特别喜爱美式风格，因此在私密浴室中决定以纹路流畅的萨日拉大理石铺陈地面与踢脚板，搭配奥罗拉石材的壁面设计，映照出令人心旷神怡的美式古典风格。图片提供：鼎睿设计

灰网石材主墙搭配钢刷木纹的浴柜设计，让浴室增多几分雅痞气息，再搭配天花板圆圈主题的造型灯具更显趣味。另外，打亮石墙的聚光灯则让空间更为聚焦。图片提供：鼎睿设计

向往电影画面中仿佛停驻的沐浴时光吗？在充足采光的浴室内，奥罗拉大理石墙与直纹壁纸相糅合出轻盈空间感，而黑白拼贴的石材地面上安坐着独立浴缸与复古浴柜，仿佛生命就该如此优雅。图片提供：鼎睿设计

石材是浴室提升质感的最佳推手，色泽饱和的灰网石适度地衬托出硬派优雅的白瓷浴缸，而浴室内部虽采用仿石砖，但温暖配色与生动石纹及灰网石墙呼应，让整体空间设计也加分不少。图片提供：鼎睿设计

即便是白，也要隐藏些许华丽细腻的质感，位于主卧房的卫浴，特别选用银狐大理石马赛克为基底，无须通过比例分割，就能塑造出纯净又精致的氛围，且相对于大理石，大理石马赛克属于规格品，在价位上较为便宜些。图片提供：水相设计

主卧卫浴因屋主对于奢华感的喜爱，以及为展现大宅的稳重气度，设计师选用安格拉珍珠大理石铺陈，搭配顶级的卫浴设备，呈现出有如酒店般的高贵典雅质感。图片提供：水相设计

卫浴洗脸台选用松柏石，搭配冰灰墙面，台面边缘留有空隙，这里其实暗藏下方柜体门片的把手。卫浴门片的玻璃上黏附有棉絮质感的薄膜，透光又能营造细部质感。图片提供：诺禾设计

花岗石

硬度高的耐久石材

花岗石英文名称granite，是从拉丁文granum来的，意指颗粒。花岗石由地底下的岩浆慢慢冷凝而成，由质地坚硬的长石与石英组成。其中，矿物颗粒结合得十分紧密，中间孔隙甚少，也不易被水渗入。吸水率低、硬度高、质地坚硬致密、抗风化、耐腐蚀、耐磨损、吸水性低，美丽的色泽还能保存百年以上等种种特性，使花岗石的耐候性强，能经历数百年风化的考验，相较于建筑寿命长得许多。因此，花岗石十分适合作为户外建材，被大量用于建筑外墙和公共空间的建设中。

花岗石组成以石英、长石、云母、角闪石等铝硅酸盐类矿物为主，磁铁矿、石榴子石、磷灰石等为辅。一般而言，长石的含量会较石英多，纹路及色彩因集中于长石中变得极为丰富，硬度大且较抗风化，长久以来作为主要建材。花岗石按色彩、花纹、光泽、结构和材质等因素，分不同级次。

适合风格	现代风格、古典风格、乡村风格
适用空间	玄关、厨房、楼梯、卫浴、阳台

山东胡桃

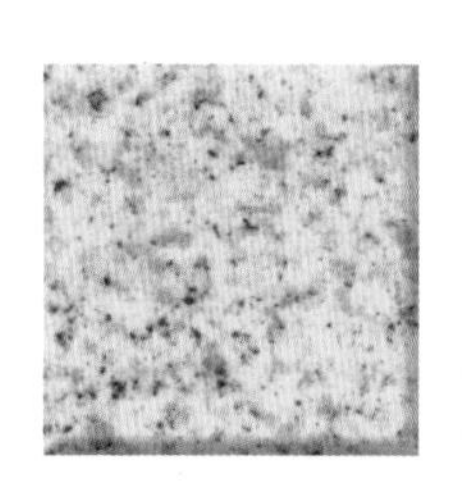

太阳白

花岗石和大理石的比较

种类	大理石	花岗石
石材构成	为变质岩，未变质前主要为石灰石及白云石，受热力及压力作用而产生变质，引发再结晶形成	为火山熔岩冷却后形成，外观较少层理，是块状且高密度的岩浆岩体。矿物组成以角闪石、云母等为主
特色	纹理具有独特质感，适合作为主视觉墙	大多用作公共区域或户外建材
优点	纹理多变	硬度最高，耐候性佳
缺点	表面有毛细孔，需更长时间保养维护	纹路相对没那么活泼

金帝黄

银灰

紫罗兰

虽然花岗石的吸水率低、耐磨损、价格便宜，适合作为地板材和建筑外墙材料。但从设计上来看，比起大理石，花岗石的花纹变化较单调，缺乏大理石的雍容质感，因此难以成为空间的主角，因此一般较少用来铺设室内地面。用于室内时，多用在楼梯、洗手台、台面等经常使用的区域，有时也会作为大理石的收边装饰。

花岗石依表面烧制的不同，可分成烧面和亮面，烧面的表面粗糙不平，因此摩擦力较强，具有止滑效果，可用于浴室或走廊等空间。

在泥作天花板与深色石材的灰调空间中，选择以粗糙仿古面的咖啡绒石皮铺贴电视墙，立体的肌理展现出内敛、沉着，展现出专属于主人的风格，而奥罗拉大理石地板则提升了空间亮度并在视觉上延伸空间。图片提供：鼎睿设计

电视墙面选用米色调锈石，立面的加工处理将石材的纹理凸显出来，凹凸的立体效果仿佛天然岩壁般，让空间与自然连接，以一种装饰艺术化的方式完整体现。图片提供：水相设计

在一镜到底的平整天花板与朴素无瑕的木质地板之间，矗立着狂野粗犷的电视墙，让原味呈现的灰石墙给予现代精致空间更具震撼的设计感。图片提供：鼎睿设计

表情粗犷的灰石让家能拥有具有张力与戏剧感的画面，虽然在一般推崇精致的现代住宅中较少使用，却可让空间展现极高的记忆点，而一块块叠上的灰色石材能引领人的心情走向旷野。图片提供：鼎睿设计

玄关地板的复古面仿岩砖与木墙，为空间揭开序幕。深咖啡色的玄关墙和客厅灰石墙同样是取自大自然的素材，借着一深一浅的色调搭配，展现空间协调而有力度的原始氛围。图片提供：鼎睿设计

以咖啡绒石材在木质沙发墙上嵌入如壁龛式的主墙造型，加宽的石框更能展现厚实感，加强沙发主墙的气势，而轨道灯的设计则让画面聚焦。图片提供：鼎睿设计

海棠花岗石半高电视墙，透空并悬浮，设计师希望能让视线穿透到后方的书房，让空间更开，光线也能自由流动。图片提供：禾筑国际设

秋海棠石材电视墙包含一道转折的侧墙，木制层板与其相接，镀钛格栅门片的功能柜再悬浮其上，完美衔接收边。图片提供：禾筑国际设计

建筑外观利用白铁搭配橄榄绿花岗石，展现现代风格的简练和细致。图片提供：水相设计

厨房的柜体采用呼应红酒意象的紫色，通往酒窖区的走道则用沉稳的灰色调，连中岛吧台的吊柜都采用可联想到酒窖意象的水冲面花岗石铺陈。图片提供：创研空间设计

开放的餐厅、厨房及中岛吧台，与其他空间仅以一面薄薄的水冲面花岗石墙区隔，墙内嵌酒杯架，让空间保留穿透感，也让公共空间成为生活的重心。图片提供：创研空间设计

为了凸显美式风格的特色，设计师特别手绘设计壁炉造型，壁炉采用与墙面相同的小雕刻白大理石，请师傅施工量身打造，呈现独一无二的美感。另外，用安哥拉珍珠石地板做踢脚板，让地板视觉效果延伸放大。图片提供：鼎睿设计

纹路细致生动的安哥拉珍珠石，特别能衬托出美式新古典的优雅，设计师在中岛厨房的地、壁面上均铺同款石材，但通过不同角度的光影投射，呈现出安哥拉珍珠石的纹路变化之美。图片提供：鼎睿设计

许多屋主希望在主墙上用石材装饰，是期许能为封闭环境带入一抹自然色彩，而色感柔和且纹路极具变化的极光花岗石，确实给简约的电视墙增添更多生命力，也让红色沙发更显眼。图片提供：鼎睿设计

开放式厨房增加了料理者与家人的互动，也让人更加重视厨房装饰性。为此，设计师选择以翡翠晶钻石材来包覆中岛吧台，其黑色量体与后方的伊朗银灰洞石背景墙形成前后呼应，让烹调空间更有风格与气度。图片提供：鼎睿设计

利用不同花色的花岗石板材做出餐桌兼吧台，选择皮质座椅，营造奢华大气氛围。右边墙面其实是通往卧房的拉门。图片提供：鼎睿设计

全室铺设石材，淋浴间与澡缸分离的设计，让屋主在家也能享受酒店般的设施。地板与壁面构成单色的背景，搭配白色的卫浴设备，呈现出色彩柔和的放松调性；洗手台以黑色咖啡绒石材凸显出台面的简洁线条。图片提供：力口建筑

以花岗石铺陈大片墙面、台面及浴缸底座，奠定了空间的独特美感，并在淋浴区壁面用石英砖做出空间层次。此外，向上延伸的带状灯光还能化解空间狭长的缺点，并带来明亮轻盈的调性。图片提供：玛黑设计

为了援引户外的景色，使屋主在泡澡时也能轻松享有大面窗景，设计师特别在浴缸的侧墙，利用宽幅镜柜来反射户外的天光景色。同时，柜子的收纳机能，也将功能与美感合二为一。图片提供：玛黑设计

以灰色为基调的卫浴间，设计师选用印度黑花岗石，以手工砌成降板式的泡澡浴缸，通过喷砂玻璃采光，将沐浴空间打造成舒适、减压的理想空间。图片提供：缤纷设计

这个卫浴间，在邻近大窗的位置，以烧面处理的黑色花岗石打造出宽敞的浴缸。让屋主在轻松泡澡的同时，还可眺望窗外的景色。图片提供：奇逸空间设计

地坪以黑白花色花岗石铺陈，边柜采用染色橡木打造，桌面采用本色的梧桐木，刻意减少杂物，使整个环境十分舒适宜人。图片提供：大雄设计Snuper Design

为了让私密的卫浴空间能展现都市时尚感，设计师选用深色系咖啡绒石材来铺贴台面与壁面。光面的材质表面搭配白瓷面盆更觉精致出色，而右方灰纱玻璃门片则营造轻盈感，亮化空间。图片提供：鼎睿设计

蛇纹石

有绿色大理石的美称

质地软，具有滑感，颜色一般为灰绿色、黑绿色或黄绿色，色泽分布不均匀，颜色鲜艳半透明的蛇纹石，可以作为工艺品原料或建筑装饰材料。

蛇纹石在组成上虽属铝硅酸盐类矿物，但由于许多物理特性与大理石十分接近，在建筑应用上，有些业者会把它和大理石归为同类，市面上常见的蛇纹石颜色呈中绿、黄绿或接近黑的深绿，因此在习惯上将蛇纹岩复古面石又称为绿色大理石。中国台湾东部所产的蛇纹石已有数十年的开采及加工历史，早期中国台湾公寓和住宅经常使用蛇纹石铺设地面，现在产量已逐渐减少，在装修老屋时，也有人选择保留蛇纹石地坪重新打磨，做出复古感或工业风格的家居设计。

适合风格	现代风格、自然风格、复古风格
适用空间	客厅

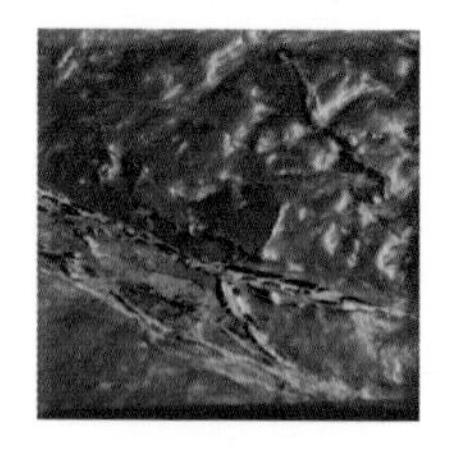

蛇纹岩复古面

由于屋主家中长辈们的要求，客厅保留了蛇纹石的拼花地板，仅以纯白背景与紫色主墙来平衡墨绿色的地坪。图片提供：山木生设计

采取开放式格局的客厅，保留充满怀旧气息，有俗称绿色大理石的蛇纹石地坪，并于天花板、壁面之间加入火头砖、石材、黑板漆等多种材质，创造粗犷、温润、细腻等多重层次的美感。图片提供：六相设计

洞石

孔洞表面具人文质感

洞石是因表面有许多天然孔洞，可展现原始的纹理而得名。一般常见的洞石多为米黄色系，若掺杂其他矿物成分，则会形成暗红、深棕或灰洞石。其质感温厚，特殊的纹理能展现出人文历史感，常用于建筑外墙。

洞石又称石灰华石，是富含碳酸钙的泉水中所沉积而成的。在沉淀积累的过程中，当二氧化碳释出时，在表面形成孔洞。因此，天然洞石的毛细孔较大，易吸收水汽，若遇到内部的铁、钙成分后，较易产生生锈或白华现象，在保养上需耐心照顾。由此，人们研发出人造洞石，这种石材通过萃取洞石原矿，经过1300℃的高温煅烧后，去除内部的铁、钙，保留洞石的原始纹路，但却更加坚硬，经烧制后密度较高，莫氏硬度可高达8。虽表面无原始的孔洞，但经过抛光研磨后亮度可比拟抛光石英砖。除此之外，由于原料取材自洞石原矿的粉末，无须大量开采，能降低自然资源的消耗。

适合风格	各种风格都适用
适用空间	客厅、餐厅、书房、卧房

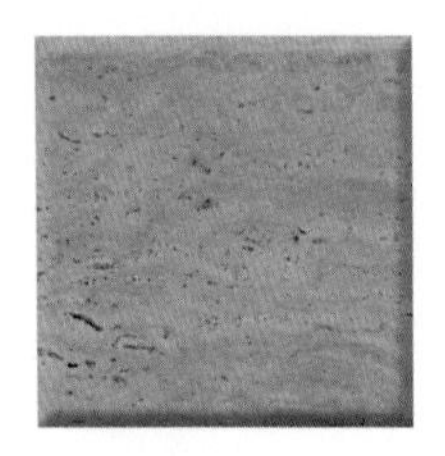

黄洞石

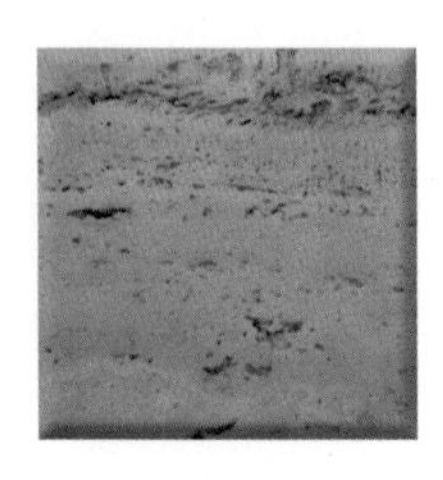

白洞石

黑洞石

珊瑚洞石，质地脆，小片切割成厚1cm，可带给人自然感受，拼接起来如文化石墙，再用木作收边，作为空间焦点。图片提供：诺禾设计

沙发背景墙特别选用罗马洞石，然而相较一般洞石带黄且孔洞较多，此块洞石底色接近浅米白，并呈现水平向的纹理，再经由特殊加工形成雾面质地，更为透白，与织品的白相互呼应，更能展现出每种材质的温度与肌理。图片提供：水相设计

洞石除了适合搭配镜面，跟同样带着冷调个性的不锈钢也非常搭配，考虑到清洁问题，厨房并不建议使用洞石作为壁面材质，但若是厨房为开放式且多用于展示，洞石是可以提升厨房质感的。图片提供：IS 国际设计

相较于其他大理石，洞石是较具现代感的石材，也多用在现代风格空间中，设计师选择用洞石为客厅主要材质，局部搭配镜面隐藏柜，展现出一种低调的质感。图片提供：IS 国际设计

小面积空间也适用洞石。一般小面积的住宅并不建议使用大理石，若要使用，建议以主墙面为主，同时要更为一体地去考虑，像是门片要拉高，才能展现出大理石特殊的质感。图片提供：IS 国际设计

客厅主墙选用洞石作为主材质，并延伸至走廊连接卧房，走廊因为洞石及灯带而不再只是起连接空间的作用，也成为展示的空间。图片提供：IS 国际设计

以洞石做大面积铺陈来凝聚空间重心，并借助离地15cm的间距与一旁的清玻璃隔屏呼应，如此一来既可借助隔屏与百叶窗帘调节书房与客厅的内外互动程度，这种悬空的设置能延伸视觉、轻化量体，也顺势化解头顶压梁的不适感。图片提供：金湛设计

洞石深浅不一的纹理与孔洞对比出烤漆玻璃的光滑平整，壁面做部分挖空，削弱墙的厚重感。天花高达4m以上，通过一气呵成的手法凸显挑高，也借此隐匿了变电箱，开辟出电器收纳空间。图片提供：金湛设计

两片纹理清晰的山形纹黄金洞石拼贴而成的电视墙，凸显大气的客厅设计。以石材作为电视主墙，施工时必须先以木材料打板，再用干式施工工法，将石材用AB胶黏附于墙面，不能采用一般石材地坪的湿式工法，否则有石材掉落的危险。图片提供：大雄设计

原本设计师设定这个支撑增建区的墙面材质为清水模，但屋主担心清水模太过工业感，会给人清冷的感觉，讨论后改以同样具有质朴自然特性的洞石铺陈。图片提供：奇逸空间设计

位于玻璃屋的餐厅，背景是与房子同高的洞石墙，随机分布的天然孔洞，丰富了大面墙壁的细节，搭配巨型吊灯，有如国外度假住宅。图片提供：奇逸空间设计

石英石

硬度高耐热又抗污

石英石材质采用天然90％以上的石英晶体，因此材质坚硬，表面超级耐磨。其熔点达1600℃以上，因此也特别耐热。而且表面亮丽，因经由水磨处理后可另经多种表面处理，如制成波纹面、皮纹面及烧陶面等。

石英石与人造石同为人工制造，因此都有色彩丰富、色差少、表面光滑亮丽、无毛细、硬度高、耐热又抗污孔、吸水性低、抗腐、抗菌、耐酸碱、油渍易清理及均为环保建材等相同的特性。 但因材质不同仍有各自优劣点，如石英石因采用大量天然石英晶体，而无法做到加热弯曲造型及无缝衔接，但相对地，因石英晶体硬度高，长期使用后依然如新。

适合风格	各种风格都适用
适用空间	厨房、卫浴

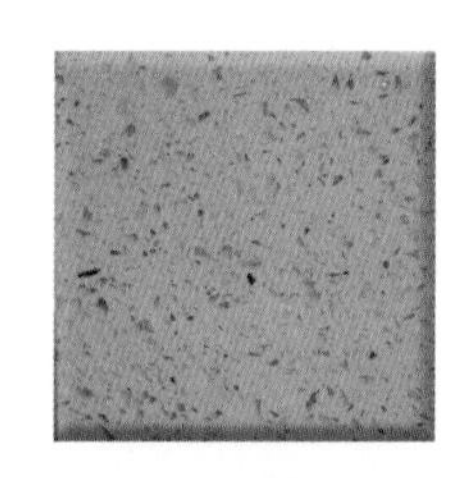
浅色石英石

深色石英石

远观仿佛一幅创意十足的现代画作的餐厅主墙，其实是用栓木皮、石皮板与铁件、茶镜拼贴而成的，且巧妙隐藏了房间的出入口。图片提供：品桢空间设计

餐桌桌板与厨具台面皆为高硬度的纯白赛丽石，可直接当砧板使用，并营造空间延伸的效果。餐厨动线内部的厨房多了延伸备料区，因考虑女主人在备餐时可与家人在餐桌上互动。图片提供：禾筑空间设计

以石英石制成的赛丽石，材质比一般人造石坚硬许多，也不会吸附脏污。因为桌面的量体是从玄关屏风一直延续到餐厅，所以选择白色带有些微灰色纹路的石材，让空间更显明亮简洁。图片提供：禾筑空间设计

在厨房与餐厅之间，规划了一个中岛工作区，方便屋主平日泡茶、聊天、品酒。厨具和中岛料理台，都选用花生色石英石，营造舒适温暖的餐厨气氛。图片提供：Ai Studio

卫浴空间开了两个通道，正向通往睡寝区，左侧则连接到更衣室。大宽幅的赛丽石台面设置双面盆，侧墙的两个方形孔槽，可摆放饰品或盥洗用品，造型同时呼应通道开口，以及更远的方形对外窗。图片提供：尚艺室内设计

莱姆石

结晶细致，表情素雅

莱姆石是几亿年前海底下的岩屑和贝类及珊瑚等其他冲积物，经天气及地壳变动，积聚而形成的结晶石。由于沉积年限不同，再经过地壳变动过程中的高热高压，这种石灰岩类石材变化出不同的软硬度。由于它是由数亿年前大量贝壳类小动物的外壳化石所组成的，因此也被称为“生命之石”。

质地细致优雅的莱姆石看起来很漂亮，但质地软，吸水率高，为了让它能长期保持美丽外观，施工时要将施工面充分清洁，保持干燥，再涂布防护剂加强保护，最后做晶化处理。

适合风格	现代风格、自然风格
适用空间	客厅、卧房

米白莱姆石

石灰莱姆石

独栋建筑的入口处，由于设定的立面已是素雅且简化分割的莱姆石材质，因此地面特意挑选蔚蓝海岸石材，借助丰富清晰的特殊纹理，展现地、壁的层次感。图片提供：水相设计

一般电视主墙的石材多以平面设计为主，但设计师决定打破设计窠臼，先以木材质做柜体，使柜体后方增加收纳功能，再用事先切割成条状的莱姆石现场贴出立体造型。图片提供：鼎睿设计

电视墙使用温润的米白莱姆石，裁切出尺寸不一的长方形，有的雾面，有的亮面，底边以不锈钢收边，增添层次感，下方的集成木制平台，以不锈钢铁件收侧边。图片提供：金湛设计

在格局方正的房子中，空间的动线更依循着日光延展，让屋主随时漫步在自然光廊中，主卧的回字形动线亦是如此，同时选用灰色莱姆石作为墙面主材，以裁切最大化的极简铺贴手法，获取宁静、轻松的氛围。图片提供：水相设计

壁面采用白色的莱姆石，加入导角分割线条，简单干净却具细腻质感。图片提供：水相设计

卫浴以巴里岛汤屋概念设计，刻意将用于建筑外墙的条形丁挂砖，贴于浴室墙面，加以砂岩类石材立体造型点缀，让人有种仿佛置身户外的感觉。搭配米黄莱姆石台面、手工陶艺洗手盆，与藤质编织材料的门片及柜体，尽显南国风情。图片提供：福研设计

木纹石

纹路天成，犹如岁月的肌理

木纹石是指具有天然木质纹理的石材的统称。在商业石材行业，只要经过切割加工后具有类木质纹理的石材，都可称为木纹石，同一块原石因加工切割方式不同，能呈现出各种纹路，若纵切，是木纹，横切可呈现云纹、水纹或者类似年轮的纹理。

根据石材种类不同，可分为大理石木纹石、砂岩木纹石，少部分为花岗岩木纹石；根据颜色不同，分为紫木纹石、红木纹石、黄木纹石；根据木纹的不同，又分为细木纹、大木纹、直木纹、自然木纹等；进口的木纹石一般都属于大理石类，砂岩木纹石属于砂岩。

至于木化石，又称硅化木，古代的树木经历地质变迁被埋藏在地层中，经历地下水的化学交换、填充，水中的化学物质结晶沉积在树木的木质部，将树木的原始结构保留下来，于是形成木化石。

适合风格	现代风格、自然风格、禅风格
适用空间	客厅

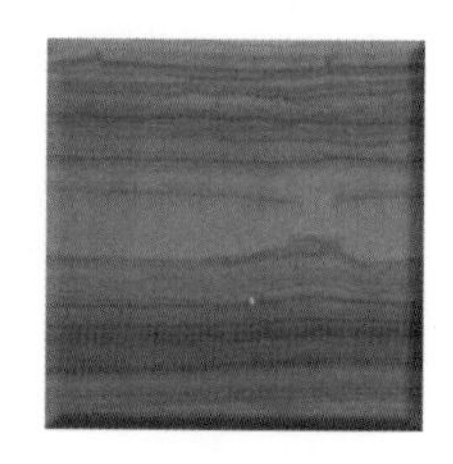
伯朗木纹

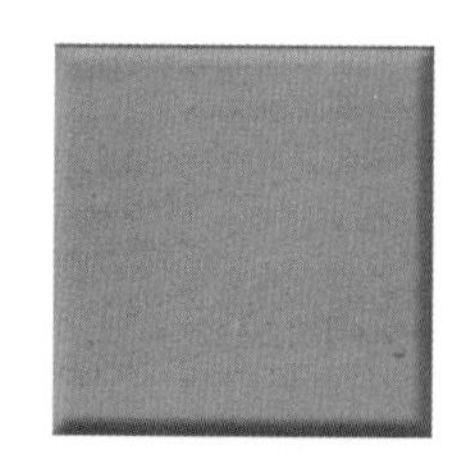
木化石复古面

从相对狭长阴暗的玄关转入开放明亮的室内公共空间，利用材质和色彩暗示空间转换，玄关以柚木实木拼墙面搭配地坪的印度黑石材，转入客厅改为白色墙面搭配百木纹石材地坪，大面积铺陈展现天然石材纹理之美。图片提供：奇逸空间设计

一改常见的平面拼花大理石墙面，电视主墙以利落的垂直水平线条，拼成造型墙面，没有多余的台面，更加彰显出黄金木化石的质感。图片提供：王俊宏室内设计工程

客厅主墙利用石材特有的纹理、手感，并通过线条的分割，彰显大气底蕴，上方运用倾斜的角度变化，有效地拉高空间高度。图片提供：里欧设计

电视墙浅色木化石与沙发背景墙的编织纹壁纸，营造出略带奢华但又令人放松的空间氛围，电视下方平台为橄榄咖石材，选择深色是希望与电视墙木化石的浅色形成颜色层次。图片提供：禾筑国际设计

石材的分割处特意内凹，表现石材的厚实感。垂直的切口内贴茶镜，通过与不同材质结合，强调石材的分割韵律感。图片提供：禾筑国际设计

电视墙与走道一侧柜体皆用错落带有韵律的分割比例，材质上用浅色枫木木皮搭配电视墙的浅色木化石，统一整面墙的色调。电视墙上方装设嵌灯，往下照射让石墙更有层次。图片提供：禾筑国际设计

板岩

朴实粗犷，展现自然风格

板岩的结构紧密，抗压性强，不易风化，甚至有耐火耐寒的优点，早期原住民的石板屋都是使用板岩盖成的。早期因为板岩加工不多，其特殊的造型较少运用于室内设计，反而被广泛运用在园林造景、庭院装饰等，用于展现建筑物天然的风情。但近年来石材的运用日渐多元化，板岩自然朴实的特性，也为许多重视休闲的人所接受。

由于板岩含有云母一类的矿物，很容易裂开成为平行的板状裂片，但厚度不一，铺设在地板时，须考虑到行走的安全，清洁方面也需多费工夫。虽板岩的吸水率高，但挥发也快，很适合用于浴室，防滑的石材表面，与一般常用的瓷砖光滑表面大不相同，有种回归山林的自然解放感，触感更为舒适。

适合风格	南洋风格、自然风格、乡村风格
适用空间	客厅、餐厅、书房、卫浴、阳台

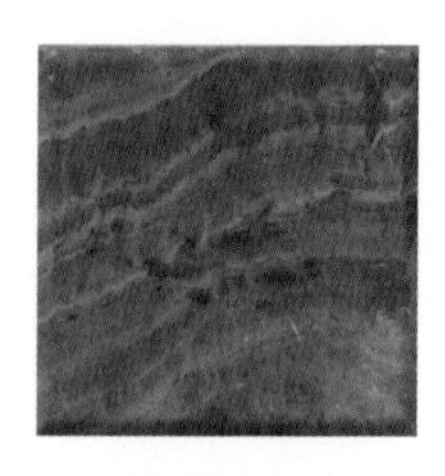
黑色薄灰板岩

复古面型板岩

玄关是给宾客留下的第一印象，因此特别选用璀璨的金色梦幻板岩与安哥拉珍珠两种石材来铺贴地面与壁面，借助错落华美的纹路映衬出白色线板门片与镜面的利落，也展现美式风格的风华。图片提供：鼎睿设计

地下一楼的视听室置入有重量感的石材元素作为墙面，以板岩层次肌理，彰显空间的大气与粗犷质朴，搭配天窗洒下的光线，一扫地下室阴暗的既定印象。图片提供：鼎睿设计

在浴室外构筑一道观景墙，在板岩石片墙的衬托下，一株黑松木立即成为最具说服力的主角，搭配灯光呈现出静谧的空间氛围，让人在泡澡的同时，通过视觉达到身心的沉淀。图片提供：鼎睿设计

和室的入口处运用板岩壁面，以手工雕刻出仿佛户外石墙的自然效果，由上往下的射灯凸显立体感，也让衔接处隐而不显。架高地板的阶梯使用原石踏阶，搭配间接照明，创造出多层次空间感。图片提供：禾筑国际设计

客厅电视墙以不规则大理石拼贴铺陈，搭配深色板岩台面，呼应地坪的浅色抛光石英砖，让材质的自然肌理得以表现，创造丰富的空间表情。图片提供：明代空间设计

客厅电视主墙采用手工雕凿的千层黑板岩，设计师将户外建筑用材运用于室内的独特手法，让空间呈现自然质朴的舒适氛围。图片提供：品桢空间设计

砂岩

有如细沙纹路多变

主要是由石英、长石等碎屑组织构成，由氧化硅、黏土、方解石、氧化铁等矿物胶结体填充而成，适合块状堆砌使用。依所含填充物质及胶结物质的不同而分为硅质砂岩（以二氧化硅为主要胶结物质者）、钙质砂岩（以碳酸钙为主要胶结物质，或砂岩中的副成分矿物为主要胶结物质，或以上两者皆有者）、泥质砂岩（以黏土矿物为主要胶结物质）及铁质砂岩（以氧化铁或氢氧化铁为填充物质或胶结物质）。

若按矿物类型分类，则可分成石英硅屑含量达 95%以上的石英砂岩，石英含量高于75%的石英杂砂岩，以及石英含量低于75%的长石杂砂岩。

砂岩为容易取得且可雕凿的矿源，虽不耐风化与水解，却是使用最广泛的建筑石材，使用它的知名建筑包括巴黎圣母院、罗浮宫等。砂岩是一种生态环保石材，吸水性较好，表面含水薄膜层，可以产生过滤污染杂质的效果，比石灰石、白云石更能抵御污染，但仍具有毛细孔，一般以水性砂岩防护剂做防护处理，避免变色情况发生。

适合风格	现代风格、自然风格
适用空间	外墙、客厅、阳台

平行纹

流纹

设计师运用多种材质表现空间层次感，砂岩墙面搭配天花板的铁刀木皮，石材搭配玻璃，加上镀钛金属收边，地面拼贴两种砖材，通过呈现素材原貌在城市住宅中注入自然感受。图片提供：大雄设计Snuper Design

餐厅外，利用灰绿色的砂岩做不对称切割，搭配人工草皮，营造类似山景的效果。图片提供：水相设计

观音石

色泽朴实文雅

中国台湾北部观音山生产的石材，灰色带些淡青色。观音石的学名是安山岩，属于火山喷出的块状岩，在名胜古迹中多见其踪迹。其可作为建材、家具、雕刻、造景之用，具有优异的耐火性与耐温泉性。性质坚硬，抗风化力强，具耐久性。

观音石的特性是会愈用愈光亮，如同养玉、养壶，用久了愈会显现出温润质感。但缺点则是毛细孔大，容易吃色。观音石属硬岩类，颜色灰黑，呈现古朴自然的质感，可以做成大片板材或规格品，可加工成光面、平光面、喷砂面、粗凿面等。若想做台面，可选用光面观音石；平光面的观音石，因具止滑效果，较常用于浴室，也适合用来打造浴缸；若想展现石材原始美，可选荔枝面或劈裂面观音石片。

适合风格	现代风格、禅风格、自然风格
适用空间	客厅、楼梯、卫浴

观音石

客厅与书房采取开放式设计，借助实木贴皮的局部天花板与木质家具，串联空间的调性，电视墙采用粗凿面观音石，石材采用不规则大块拼接，为空间加入古朴自然的肌理。图片提供：禾观空间设计

设计师利用实木贴皮与天然石材，为公共空间创造粗犷中带有华美的氛围，观音石电视墙有着深浅呼应的自然纹理，为空间增添粗犷风貌，与木质收纳格柜连接，散发自然气息。图片提供：禾观空间设计

复层空间中的楼梯以钢结构架设，再以金属立柱加强支撑，台阶面铺设观音石，触感温润，透空的设计创造出楼梯有如悬浮在半空中的视觉效果。图片提供：禾筑国际设计

抿石子

抗候耐久，风格多变

抿石子是一种泥作手法，将石头与水泥砂浆混合搅拌后，抹于粗胚墙面打压均匀，厚度0.5 ~ 1cm，多用于壁面、地面，甚至外墙。依照不同石头种类与大小色泽变化，可展现居家的粗犷石材感，小颗粒石头铺陈在墙面较为细致简约，大颗粒的石头则呈现自然野趣感，而深色的石头则会因为长时间的抚触而越显光亮，是相当有趣的壁面材质。

抿石子耐压效果良好，相比较，也不会如地砖易因热胀冷缩凸起，而用在外墙也不用担心剥落等问题。抿石子使用材质一般可分为天然石、琉璃与宝石3类，单价依序以宝石最高。天然石一般多以东南亚进口的碎石制作，生产时工厂会依照颜色、粒径分类。若铺设面积小，可购买不同色彩和大小的天然石，但大面积使用建议购买调配好的材料包，以免不同批施作产生色差。琉璃为玻璃烧制的环保建材。至于宝石，是由例如白水晶、玛瑙、紫水晶、珍珠贝等制作的，折旋光性与透光性较琉璃高，多进口自东南亚，单价也最高。

一般人常说的洗石子，和抿石子的前期工法一样，只是洗石子的最后阶段是用高压水柱冲洗多余水泥，但抿石子则用海绵擦拭表面水泥，让混拌其中的石子浮现而出。抿石子及洗石子，皆属于可呈现天然石材质感的工法。洗石子的完成面摸起来表面较刺，也较容易卡尘，加上清洗时污水四散，容易污染到附近土地，因此现今多采用海绵擦洗的抿石子，其表面摸起来较圆润，质感也较精致。

适合风格	现代风格、自然风格、日式风格、乡村风格
适用空间	玄关、客厅、卫浴、室外地面、建筑立面
计价方式	以 kg 计算，不含施工费
石材价位	40 ~ 350 元 / kg

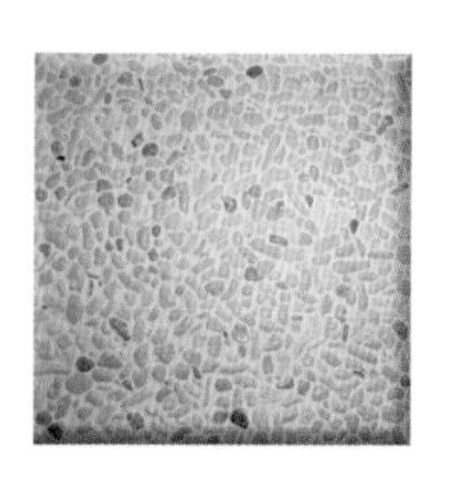

天然石

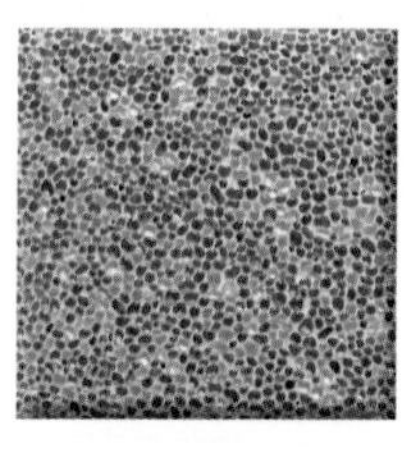

琉璃

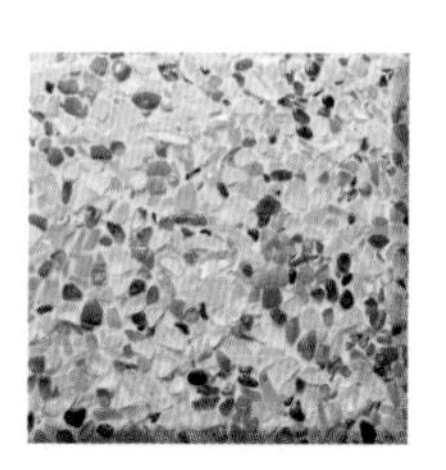

宝石

项目位于市郊独栋别墅小区，屋龄已有40多年，翻新时重新改造了外观，以低调的抿石子作为外墙及地面主要素材，地面拼接抛光长条石材，为线条简洁的外观增加一些材料的温度。图片提供：奇逸空间设计

项目位于市郊独栋别墅小区，屋龄已有40多年，翻新时重新改造了外观，以低调的抿石子作为外墙及地面主要素材，地面拼接抛光长条石材，为线条简洁的外观增加一些材料的温度。图片提供：奇逸空间设计

从地板开始，以灰色抿石子铺陈，一路延伸至浴缸、户外阳台，在淋浴空间用上黑色抿石子，界定出功能及用途。图片提供：无有设计

考虑到屋主在美国养成的生活习惯，设计师选用了壁挂式马桶，并增加水线管路的配置。同时，也利用壁面来规划置物层板及毛巾架等，让人使用更方便！挑高的浅黄抿石子墙面，优雅又质朴，完美展现这间大浴室的功能美与空间感。图片提供：鼎睿空间设计

更多石材运用赏析

中岛厨房后方隐藏着主卧房、客卧以及其他必须容纳的电器设备，为了整顿这些功能对象，设计师利用比石材更轻薄的采矿岩作为立面材质，因其施工方式，加上重量轻可悬挂门片。由于采矿岩本身有色差问题，因此设计师运用烤漆将色差降至最低，打造具有特殊纹理却纯净的墙面效果。图片提供：水相设计

客厅刻意挑选座椅较深的沙发，以及运用铁件制成并放入鹅卵石的茶几，共同营造休闲又自由的氛围。电视墙使用大理石材质，带一点粗犷的纹理以及加深的沟缝线条，宛如潺潺流水，刚好与阳台自然景观相呼应。图片提供：尚艺空间设计

大厅墙面选用洞石，地面则以波斯灰和印度黑两种大理石拼贴图腾，天花板采用大理石漆，部分立面采用云石薄片，搭配设计照明，透出柔和又贵气的氛围。图片提供：诺禾设计

镜中反映出来的墙面，选用了白色结晶、含有粉色贝壳的雪贝化石，墙面的玻璃马赛克也将屋主喜爱的品牌图腾融入其中。图片提供：力口建筑

书房与餐厅以一道玻璃折门区隔，形状大小色泽不一的鹅卵石墙，和餐厅那面规律而有秩序的清水模墙，形成强烈对比。图片提供：云邑设计

从书房望向餐厅，拉门合起时，灯光反射有如剪影，给予使用者浪漫有趣的氛围感受。图片提供：云邑设计

书房的鹅卵石墙面与废木料拼贴而成的天花板，通过复合材质与仿旧衍生概念设计，将商业空间的田野气息搬进家居空间。图片提供：云邑设计

台面石材运用赏析

利用人造石无接缝的材质特色，让视觉追随台面的延伸、转折到达浴缸区，创造了流动的现代感线条，同时将每一区块功能特性蕴含于设计之中。此外，为了凸显山居的景色，特别将浴镜由台面正前方转至侧墙，保留洗手台前的开窗与绿景。图片提供：玛黑设计

一字形厨房搭配中岛设计，厨房与中岛台面皆选用石英石，和一旁的木质大餐桌搭配，中岛除了让烹饪更便利，也适度界定了餐厨的位置。图片提供：禾筑国际设计

由于在主卧可见最美的河岸景色，为了让室内更多区域都可欣赏河景，决定打开隔间墙并配合做开放餐厨区设计，并以一座中岛吧台来连接餐桌，解决了原本小厨房无处规划工作台面的问题。图片提供：森境设计，摄影：KPS游宏祥

除了主要的厨房之外，为了满足屋主需求，设计师在二楼规划一处以轻食料理为主的开放式餐厨，壁面特别选择大理石，凸显精致质感，中岛吧台则融入展示功能。图片提供：水相设计

石材专有名词及装修术语解释

岩浆岩、变质岩、沉积岩

地球的表面是由一层坚硬的地壳包覆，但在地球内部的地幔，则为熔融的物体，称为岩浆，岩浆和地壳的组成元素相同，由岩浆直接形成的岩石，为最原始的岩石，称为岩浆岩，如花岗岩、玄武岩等。岩浆岩，受风化作用，被水流带至低洼处，经过长时间的沉积作用，或动植物残骸堆积，成为一种地层，称为沉积岩或水成岩，如石灰岩、砂岩等。

地壳继续不断变化，使岩浆岩及水成岩受造山运动的挤压，受地心热力的侵入，各力相挤，而变化成一种岩石，称为变质岩，如片麻岩、大理石等。

吸水率

石材吸水率，是指石材吸收水分的重量与其干燥时重量的百分比，石材的吸水率因其种类、孔隙等的不同而异，通常孔隙率高者，其吸水率高，反之，则吸水率低。在工程中应用的石材，以吸水率低者为宜。石材吸水率的试验方法与其比重试验方法相同，可由以下算式，计算出石材的吸水率。

$$吸水率=\frac{石材饱和面干重量-石材烘干重量}{石材烘干重量}\times 100\%$$

孔隙率

石材的孔隙率，是指石材内总孔隙体积与其固体部分体积的百分比，若石材的孔隙率大，则其比重小，耐久性差，易风化分解，故工程应用上的石材，孔隙率不宜过大。

硬度

石材的硬度，通常以该石抵抗磨损的能力表示，此种试验使用硬度试验机，设试验前的重量为$W1$，试验后之重量为$W2$，则通常用于路面工程的石材，必须硬度大，磨损抵抗性大。

$$磨硬度损=20-\frac{W1-W2}{3}$$

$$磨损率=\frac{W1-W2}{W1}\times 100\%$$

耐久性

石材因组织、种类及所处环境的不同，而影响其耐久性，一般而言，石材的耐久性均甚佳，花岗岩最耐风化及耐磨，但其耐火性却奇差，因花岗岩于温度升高至600℃左右，即开始有裂缝，且其强度亦大减，石灰岩则在910℃左右，才会分解。

耐火性

石材的耐火性因石材种类而有所不同，有些石材在高温作用下，会发生化学分解。如石膏于温度高于107℃时发生分解，而石灰石及大理石，则于910℃时发生分解。而某些石材因构成的矿物受热膨胀不均，而容易产生裂缝，如花岗岩等。

风化

石材因受周围环境影响，如温差变化，水结冰与冰融化作用，植物根部作用以及其他作用等，使石材分解成碎片。而大气与地下水中，含有各种元素，如氧、碳酸盐、铵盐、氯化物、硫酸盐、有机化合物等，这些物质与石材接触后，会引起石材缓慢的化学破坏过程，因而改变石材成分，同时发生复杂的氧化、碳酸化、水化过程，这些变化过程，就称为风化。

解理
岩石受到应力作用时，常会沿着垂直应力方向，或岩石本身具有的弱面破裂，这些破裂面就称为岩石的解理。同样，岩石解理也会重复出现，使得岩石外观看起来像是纤维状的样貌。解理的现象在变质岩，尤其是板岩或千枚岩中很常见。

劈面
石材劈面是一种加工方式，使石材表面呈现不规则的凹凸凿痕。

无缝处理
一般软石类如大理石、木化石、玉石类较易施工，效果也较好；硬度较高的材质，研磨费用相对较高。大理石是天然石材，若施作无缝处理，能呈现有如同一块石材的一体感，施作上须注意，缝隙必须维持在0.3mm以内，若是预留缝隙太大或太小，不仅会造成缝隙难以填入材料，造成空心或仅只表面填缝，更可能会造成影响其工法所想要呈现的无缝美感。无缝处理常用的填入材有以下3种。

1. 半固（镘刀型）树脂补胶：易施工，价钱低廉，但填补深度浅，易脱落。2. 流入型树脂补胶（poly）：易调色，完全填满接缝，不易脱落。3. 环氧树脂补胶（epoxy）：不易调色，完全填满，耐候性佳，不易脱落，但价钱较高。施工步骤如下。第一步透气排干：大理石安装后，约需一周的硬化养成期，待水泥砂浆固化，水汽排干至一定程度，才可施作。第二步接缝清理：使用约1㎜的薄型切片，不加水切缝并使用吸尘器将缝内砂土、灰尘吸净，缺角须一并整修。第三步补胶调色：使用分色法，比对石材颜色后依比例加入硬化剂，注入接缝，调色原则为透明度、色度、色比、鲜度、明暗。第四步接缝整平：须使用5HP马力以上的砂轮机或砂纸机做全面整平作业，至石材亮面完全磨除及磨平为止。第五步研磨：使用钻石磨片依序仔细研磨。第六步抛光：依石材种类选择适用的抛光粉进行抛光后即可大功告成。

石材病变
天然石材最常见的病变约可分以下几类。

水斑
石材表面湿润含有水汽，使石材表面产生暗沉的病变现象，影响石材的美观。主要是因为石材本身吸水率及孔隙率偏高，或石材安装时靠近水源处且未施作防护剂做防水处理，或不按照正确的施作方式，以及在安装时水泥砂浆及水灰比例过高等不当因素。

白华
即是在石材表面或在填缝处有白色粉末，解析出的污染现象。此种病变现象常发生于户外或水源丰沛处。以湿式工法安装石材时，水泥砂浆中的氢氧化钙等碱性物质，被大量的水解离出来，由毛细孔渗透至石材表面或填缝不实之处，氢氧化钙再与空气中的二氧化碳或酸雨中的二氧化硫化合物反应，形成碳酸钙或硫酸钙，而当水分蒸发时，碳酸钙或硫酸钙就结晶解析形成白华。

锈黄
通常锈黄发生的原因可从3个方面来讨论。1.石材本身含有不稳定的铁矿物（硫化铁最不稳定）所发生的基材性锈黄，即原发性锈黄。2.石材加工过程中处理不当所产生的锈黄。3.安装后配件生锈的污染。

吐黄
一般产生的原因：1. 使用瞬间胶。2. 防水不良，水分过高。3. 高碱水泥砂浆引起的反应。4. 石材本身有裂痕或黏土材质。5. 空气不流通，透气不良。6. 打蜡影响石材透气。7. 石材含铁质。

图书在版编目（CIP）数据

石材万用设计事典 / 漂亮家居编辑部著. — 沈阳：辽宁科学技术出版社，2024.3
ISBN 978-7-5591-2433-3

Ⅰ. ①石… Ⅱ. ①漂… Ⅲ. ①石料—室内装修—装饰材料 Ⅳ. ① TU767.6

中国版本图书馆CIP数据核字（2022）第028810号

出版发行：辽宁科学技术出版社
（地址：沈阳市和平区十一纬路25号　邮编：110003）
印 刷 者：辽宁鼎籍数码科技有限公司
经 销 者：各地新华书店
幅面尺寸：170mm×230mm
印　　张：13
字　　数：280千字
出版时间：2024年3月第1版
印刷时间：2024年3月第1次印刷
责任编辑：于　芳
封面设计：何　萍
版式设计：何　萍
责任校对：韩欣桐

书　　号：ISBN 978-7-5591-2433-3
定　　价：76.00元
编辑电话：024-23280070
邮购热线：024-23284502